Scientific Evolution

Mathematics
Physics
Chemistry

數理化通俗演義（上）【新裝版】

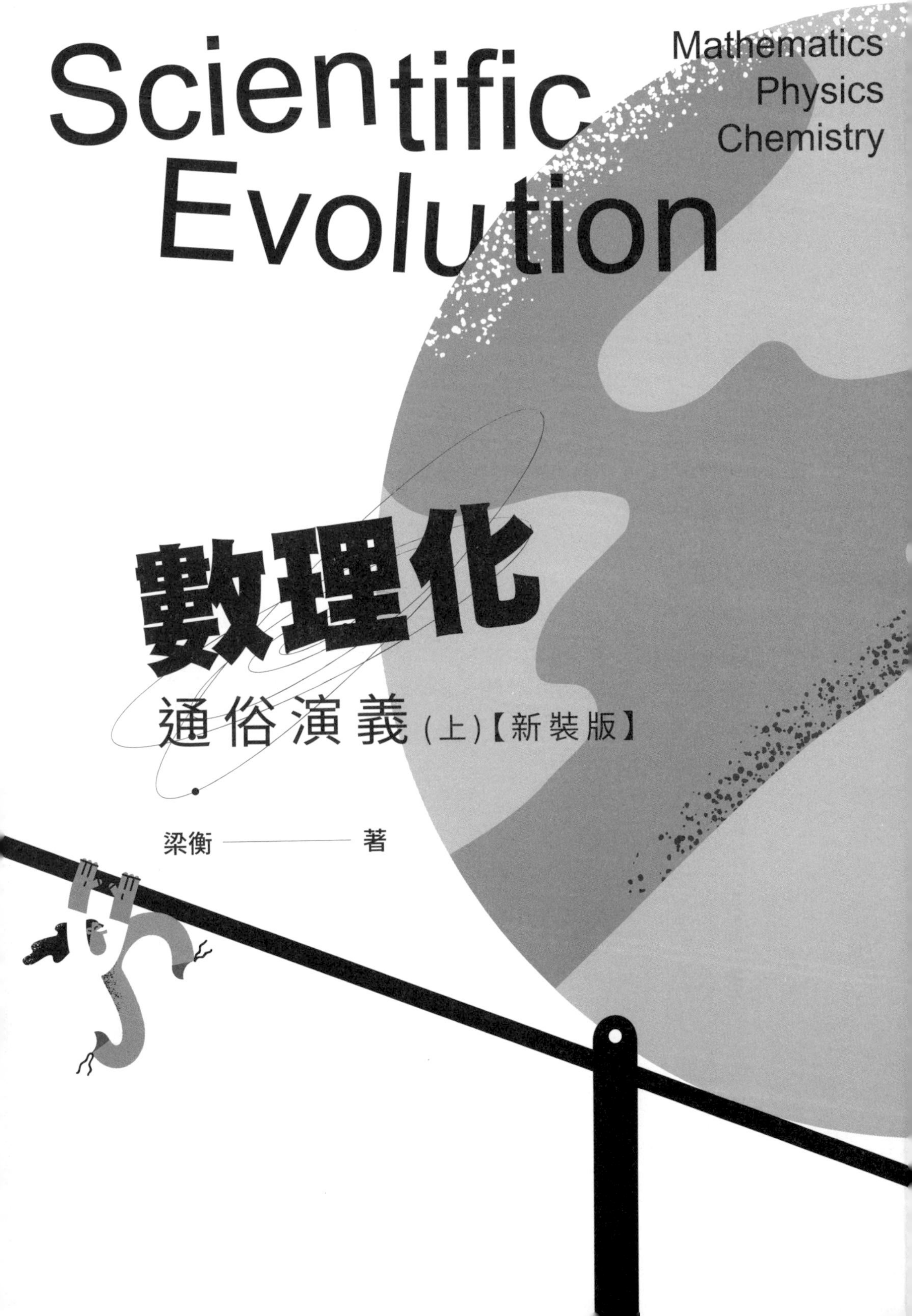

梁衡——著

新版序

爲科學加一層薄薄糖衣

這本書從一九八四年初版到現在，不覺已過了三十一個年頭。這期間共出過電子科技版、人民教育版、北師大版、湖北版、香港版、臺灣版、連環畫版等十七個版本，這次再版算是第十八版了，至於重印的次數已很難統計清楚。在頭版序裡我曾說過，本書只是一層薄薄的糖衣，想不到這一點甜味竟然三十年不散。值此又新版之際，謹向熱情的讀者表示深深的謝意。

此書寫作的本意是想緩解青年人，特別是在校學生的讀書之苦。一個人從小到大以至成人，一是長身體，二是長知識。因此社會才設了小學、中學，進行必須的教育。因為我小時候也備嘗學數理化之苦，就想換一個方法來向青年人講述通常教師們在課堂上板著臉講，在考場上瞪著眼睛考的科學知識。知識既然如飯一樣是一種必不可少的東西，我們也就應該如品美食一樣地快樂學習。

我想為讀者找回這份樂趣。但是在寫作過程中我深為科學家的敬業精神和治學精神所感動，同時又為他們的聰明才智所折服，於是就漸漸傾注進了自己的感情和思考。在樂趣之外增加了情和理，儘量表現他們的獻身精神和治學方法。

現在想近三十年來讀者還忘不了這本書，大概是因為這三點：一是科學知識本身的魅力；二是科學家人物故事的吸引力；三是科學家的治學方法。知識、人物故事和方法，這正是貫穿本書的三條紅線。三線交織，既不同於虛構的小說，也不同於刻板的教科書，也不是純粹的方法論，在教育、科學、文學三邊地區填補了一塊空白。

隨著近年來科學的發展，這次再版在內容和文字上又做了一些修訂，側重了對治學方法的提示。另外又更新了版式，力圖在形式上更美一些。

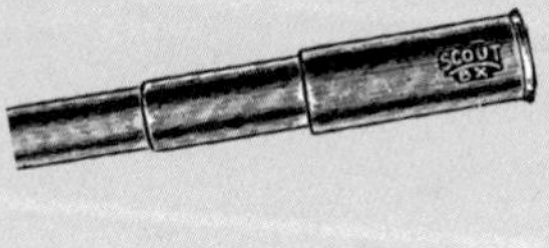

目錄

數理化通俗演義（上）

目錄

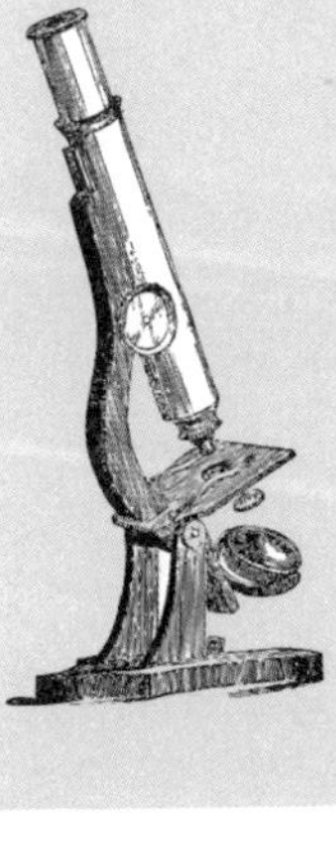

第一回　洞庭湖邊屈原問天　金字塔下泰氏說地

——世界是什麼？

大約西元前四世紀的時候，中國南方的楚國是一塊美麗富饒、文化發達的地方。源遠流長的湘江碧波粼粼，漁夫們長篙扁舟，在撒網垂釣。高高的巫山，竹木青青，雲靄漫漫，山寨中的人們穿著鮮麗的衣服，扮著各種神鬼，載歌載舞。我們的祖先，從北京周口店的山頂洞裡走出來已四十多萬年了，他們對當時那個世界已經積累了許多豐富的知識。

這天湘江邊走來一個人，他瘦長的個子，清臞的臉龐，眼神裡現出一種莊嚴的沉思。他腰佩長劍，頭戴高高的帽子，身著齊腳的長袍。這個人穿過齊腰高的白艾，踏著岸邊的蘭草。他那明亮的目光掃過天邊的白雲，掃過江面遠處的煙波，邊走邊吟誦起來：

遂古之初，誰傳道之？
上下未形，何由考之？
冥昭瞢暗，誰能極之？
馮翼惟象，何以識之？
明明暗暗，惟時何爲？
陰陽三合，何本何化？

……這歌的大意是：
那遠古渺茫的情形啊，是誰來將它傳道？
那時天地本沒有成形啊，又是誰將它查考？
渾渾沌沌啊，晝夜不分，可怎去將它的根由尋找？
一團熱氣啊，籠罩四方，又怎去將它的面目研討？
天明天黑啊，暮來朝去，為甚麼這樣交換，沒完沒了？
陰陽二氣啊，攙合無窮，哪是源頭？哪是末梢？

圓圓的天啊，高達九層，是誰來設計，誰來畫稿？
何等雄偉啊，這樣的工程，是誰來修建，誰來督造？
斗轉星移啊，是甚麼將它們繫住？天的軸心啊，怎樣來將它安牢？
八根巨柱啊，怎樣撐起這面天空？東南方向啊，卻為甚麼向下傾倒？
天上九個廣闊的區域啊，它們伸向何方，在哪兒終了？
各個區域裡無數的角落，到底多少，我該向誰去請教？
這天穹怎麼會合成一個整塊啊，黃道十二區，是誰畫分得這樣巧？

這日月怎麼會懸在半空？星羅棋布，是誰安排得這樣好？
太陽啊，早晨從東方的湯谷起身，晚上到遙遠的蒙水邊歇腳。
就這樣從天亮走到天黑，這一天的行程有多少里之遙？
月亮啊，有什麼奇怪的本領？月初昏黑，月中又容光閃耀？
它要做甚麼啊，這樣好笑：將一隻兔子在懷中緊緊地摟抱？
……

這人就是中國偉大的詩人屈原，以上吟的就是他的《天問》。他在這篇名著中一口氣提了一百七十二個問題，涉及了天文地理、日月星辰。

一千多年以後，中國中唐時期又一位大詩人柳宗元與屈原的思想發生共鳴，相似的遭遇驅使他揮筆寫出《天對》，探討了宇宙的起源和構成，有力地批駁了神靈創世說，成為中國科學發展史上的兩顆啓明星，這是後話。

就在屈原歎問蒼天前不久，地中海的兩岸又是另一番景象。那裡有一個和中國一樣古老的國家——埃及。碧藍的天空下是一片金黃的沙漠，尼羅河浩浩蕩蕩地向北流去，兩岸留下厚厚的淤泥。幾座由大石條疊成的金字塔，矗立在沙漠中直接雲霄。大地啊，是這樣的平坦，人們的思想也在馳騁翱翔。

這時在金字塔下有一小群人，他們席地而坐，圍成一個小圓圈，幾把陶壺，一些碎肉。人們手裡拿著樹枝折成的小棍在地上畫著，嘴裡吃著，說著。他們可說是世界上最古老的一群科學家，其中不少人是從希臘來到這裡的，經常這樣談天說地，討論問題。

這時一個叫泰勒斯◎1的人站起來說：「我認爲這地就像一個菜碟子一樣，平平的，圓圓的，整年整月地在空中轉著，太陽、月亮、星星都在圍著它動。」

這時，另一個叫阿那克西曼德◎2的人立即反對：「不，大地是一個長筒子，筒底的直徑是筒高的三分之一，筒的四周空氣有相等的壓力，所以它總是懸在空中。太陽一曬，地上的泥水就起泡，泡裡出來魚，魚又變成人。」

他還沒說完，又有人發言：「我認爲一切都是氣組成的，我們手摸著的是氣，吸的是氣，人心也是空氣一團。」

「……不對，不對，世界是水組成的，你看，尼羅河裡不能沒有水，莊稼少不了水，人更要喝水……。」

他們就是這樣爭著，吵著，提出許多問題，想出許多解釋，可是誰也說服不了誰。

眞的，那高高的天空，茫茫的星漢，無邊的大地，到底有多少奧秘？這世界上萬物的變化有沒有個規律？人們既然提出了問題，自然會找見答案的。且聽我們將這些故事一個個地慢慢說來。

註解

◎1. 泰勒斯（西元前624年～前546年）：英文名為Thales，被稱為米利都的泰勒斯（Thales of Miletus）。

◎2. 阿那克西曼德（西元前585年～前528年）：英文名為Anaximenes，被稱為米利都的阿那克西曼德（Anaximenes of Miletus）。

第二回　聰明人喜談發現　蠻橫者無理殺人

——無理數的發現

上回說到泰勒斯與一群人在金字塔下議論，到底世界是什麼。有的說是水，有的說是氣。不料更有怪者，數年後他的一個學生卻說世界是「數」。這個學生叫畢達哥拉斯◎1。當他在希臘出生的時候，東方的釋迦牟尼正在印度講佛，中國的孔子正在春秋各國講道。

畢達哥拉斯從小就極爲聰明，一次他背木柴從街上走過，一位長者見他那捆木柴的捆法與別人不同，便說「這孩子有數學奇才，命該成爲一個大學者。」他聞聽此言，便摔掉柴捆南渡地中海到泰勒斯門下去求學。眞是名師出高徒，畢達哥拉斯本就極聰慧，經泰勒斯一指點，當時許多數學難題在他的手下便迎刃而解。比如，他證明了三角形的內角和等於一百八十度；算出要用瓷磚鋪地，只有用正三角形、正方形、正六角形三種正多角磚才能剛好將地鋪滿；證明了世界上只有五種正多面體，即：四、六、八、十二、二十面體。

他還發現了奇數、偶數、三角數、四角數、完全數、母和數、直到畢達哥拉斯數。但他最偉大的成就要算是發現了後來以他的名字命名的畢式定理（勾股定理或商高定理）。即：以直角三角形兩直角邊（a、b）爲邊長的正方形的面積之和等於以斜邊（c）爲邊長的正方形的面積：$a^2+b^2=c^2$。據說，這是當時畢達哥拉斯在寺廟裡見匠人用方磚鋪地，常要計算面積，於是便發明了此法。

這定理是提出來了，用起來也確實方便，但是怎麼從理論上加以證明呢？

正是：

畢氏無心一道題，費盡後人多少力。

自從這個定理問世以來，東西方不知有多少數學家來設法證明，眞是百花齊放，各有所妙。這都是後話。中國在清朝初年有一位數學家叫梅文鼎（西元一六三三年至一七二一年），他發明的一種證法卻極簡便，只需用一張硬紙，剪上幾刀，一併就知，諸位如有興趣不妨一試。

再說這畢達哥拉斯將那數學知識運用得純熟之後，覺得這實在是一套了不得的本事，不能只滿足於用數來算題解題，於是他要試著從數學擴大到哲學，用數的觀點去解釋一下世界。經過一番刻苦實踐，他提出「凡物皆數」，數的元素就是萬物的元素，世界是由陣列成的，世界上的一切沒有不可以用數來表示的，數本身就是世界的秩序。畢達哥拉斯還在自己的周圍建立了一個青年兄弟會，入會者都要宣誓不把知識洩露給外人，這樣他才肯向他們傳授數學。可見當時才萌芽的數學是多麼神秘。畢達哥拉斯死後大約五十年間，他的門徒們把這種理論加以研究發展，形成了一個強大的畢達哥拉斯學派。

這天，學派的成員們剛開完一個學術討論會，正坐著遊船出來領略一下山水風光，以驅散一天的疲勞。這地中海海濱，藍色的海灣環抱著品都斯山；長長的希臘半島伸進海面，就像明亮的鏡子上鑲著一粒珍珠。這天，風和日麗，海風輕輕吹來，蕩起層層波浪，大家心裡好不高興。一個滿臉鬍子的學者看著廣闊的海面興奮地說：「畢達哥拉斯先生的理論一點不錯，你們看這海

人物

◎1. 畢達哥拉斯（約西元前570年～前495年）：英文名為Pythagoras。

浪一層一層，波峰波谷，就好像奇數、偶數相間一樣，世界就是數字的秩序。」

「是的，是的。」這時一個正在搖槳的大個子插進來說：「就說這小船和大海吧。用小船去量海水，肯定能得出一個精確的數字。一切事物之間都是可以用數字互相表示的。」

「我看不一定。」這時船尾的一個學者突然發話了，他沉靜地說：「要是量到最後，不是整數呢？」

「那就是個小數。」

「要是這個小數既無限，又不能循環呢？」

「不可能，世界上的一切東西，都可以相互用數直接準確地表達。」

這時，那個學者以一種不想再爭辯的口氣冷靜地說：「並不是世界上一切事物都可以用我們現在知道的數來互相表示。就以畢達哥拉斯先生研究最多的直角三角形來說吧，假如是等腰直角三角形，你就無法用一個直角邊準確地量出斜邊來。」

這個學者叫希帕索斯◎2，他在畢達哥拉斯學派中是一個聰明、好學、很有獨立思考能力的青年數學家。今天要不是因爲爭論，還不想發表自己這個新見解呢。

那個搖槳的大個子一聽這話就停下手來大叫著：「不可能，不可能，先生的理論置之四海皆準。」

希帕索斯眨了眨一雙聰明的大眼，伸出兩手，用兩個虎口比成一個等腰直角三角形說：

「如果直邊是三，斜邊是幾？」

「四。」

「再準確些？」

「四點二。」

「再準確些？」

「四點二。」

「再準確些呢？」

大個子臉漲得緋紅，一時答不上來。希帕索斯說：「你就再往後數上十位、二十位也不能算是最精確。我演算了很多次，任何等腰直角三角形的一邊與斜邊之比都是不可公度量的◎3，都不能用一個精確的數字表示。」

這話像一聲晴天的霹靂，這是多麼反常啊！全船立即響起一陣怒吼：「你敢違背畢達哥拉斯先生的遺言，敢破壞我們學派的信條！敢不相信數字就是世界！」

希帕索斯這時倒十分冷靜，他說：「我這是個新的發現，就是畢達哥拉斯先生在世也會獎賞我的。你們可以隨便去驗證。」

可是人們不聽他說，憤怒地喊著：「叛逆！叛逆！先生的不肖門徒。」

「打死他！打死他！」大鬍子衝上來，當胸給了他一拳。

希帕索斯抗議著：「你們無視科學，你們竟這樣無理！」

「捍衛學派的信條永遠有理。」這時大個子也衝過來，猛地將他抱起：「我們給你一個最

註解

◎2. 希帕索斯（約西元前五世紀）：英文名為Hippasus，被稱為美塔波坦的希帕索斯（Hippasus of Metapontum）。

◎3. 不可公度量（incommensurable），即不能寫成兩個整數的比（分數）。

高的獎賞吧！」說著就把希帕索斯拋進了海裡。藍色的海水很快淹沒了他的軀體，吞沒了他的聲音。這時，天空飄過幾朵白雲，海面掠過幾隻水鳥，靜靜的遠山綿延起伏，如一道屏風。一場風波過後，這地中海海濱又顯得那樣寧靜。◎4

科學史就這樣揭開了序幕，但卻是一幕悲劇。

魯迅先生說：悲劇就是將人生極有價值的東西，毀滅給人看。一個很有才華的數學家就這樣被奴隸專制制度的學閥們毀滅了。但是這倒真使人們看清了希帕索斯的思想價值。這次事件後，畢達哥拉斯學派的成員們確實發現不但等腰直角三角形的直角邊無法去量斜邊，圓的直徑也無法去量盡圓周，那個數字是三點一四一五九二六五三三五八七九……更是永遠也無法精確的。慢慢地，他們後悔了，後悔殺死希帕索斯的無理行動。

他們漸漸明白了，明白了直覺並不是絕對可靠的，有的東西必須靠證明；他們明白了，過去他們所認識的數字零、自然數（除了零以外的整數）等有理數之外，還有一些無限的不能循環的小數，這確實是一種新發現的數——應該叫它「無理數」。這個名字反映了數學的本來面貌，但也真實記錄了畢達哥拉斯學派中的學閥的蠻橫無理。

正是：

科學史才揭序幕，科學家便有犧牲。

註解

◎4. 希帕索斯之死，古希臘哲學家楊布里科斯（Iamblichus）認為與畢達哥拉斯有關。

第三回　舉手揚沙欲塞宇宙　立竿見影可測地周

——人類第一次測量地球

還接上回說起。自從地中海邊發生的那件因爲爭論無理數而釀成的悲劇之後，大約又過了一百多年，到西元前三三八年的時候，希臘北方有一個馬其頓王國逐漸強大起來，並控制了希臘。到西元前三三四年，馬其頓國王亞歷山大發動遠征。十年間，便佔領了東到印度，南到埃及的廣大領域。這位國王爲了炫耀自己的武功，便在地中海岸的尼羅河口修建了一座港口城市，取名亞歷山大。

亞歷山大死後，馬其頓王國立即一分爲三。到西元前三〇五年時，埃及托勒密王朝興起，國王托勒密一世大力擴建城市，網羅人才，很快使這裡成爲當時世界上最大的都市和科學中心。城內建有一百公尺寬的馬路、豪華的廣場、花園、噴水池、體育場，特別還建了一個亞歷山大博物院，包括了圖書館、動物園、植物園、研究院等。其中的圖書館藏有希臘和東方典籍達七十萬卷。當年在希臘本土由畢達哥拉斯辛苦經營的學派，已經銷聲匿跡，而希臘和東方的許多著名科學家，像歐幾里得◎1等又都雲集到這裡。

這天落日的餘輝剛剛消失在遠處的海面，亞歷山大港外那座壯麗的燈塔便發出耀眼的光芒。這燈塔是古代的七大奇觀之一。八根花崗石的圓柱支撐著巨大的圓頂，頂端有一座七公尺高的海神波賽頓的雕像，圓頂下是一團熊熊的大火，火後立著一面大銅鏡，將火光反射得加倍明亮。隨

註解

◎1. 歐幾里得（西元前330年～275？年）：英文名為Euclid。

著這燈塔的點燃，整個城市也閃爍起萬家燈火，街道上車輛如梭，港灣裡船桅如林。到劇院裡去看戲的，到體育館去看角鬥的人們三五成群，街上一片喧鬧。

這時在離城稍遠一點的海灘上，有兩個人平躺在沙灘上。一個是阿基米德◎2，他是從地中海彼岸的西西里島來這裡留學的；另一個是他的朋友，地理學家埃拉托斯特尼◎3。他們在博物院裡工作了一天，現在要在海邊上來吸吸海風。這時潮起潮落，雲開月顯，涼風習習。他們仰臥觀天，誰也不說話，思想的翅膀已經在太空中憑虛翱翔。突然，阿基米德一骨碌翻身爬起，手裡捏著一把沙子道：「埃拉托斯特尼，你說這一把沙子有多少粒？」

「大概有幾千、一萬粒吧。」

「這一片海灘的沙子有多少粒？」

「這可說不清！」

阿基米德跳起來，雙手捧起一捧沙子向天空揚去：「假如我把沙子撒開去，讓它塞滿宇宙，把地球、月亮、太陽和金、木、水、火、土等行星統統都埋起來，一共要多少粒？」

「啊？——」埃拉托斯特尼也一骨碌爬起來，驚得說不出話來，半天才回答道：「不可能，不可能！親愛的阿基米德，你怕不是瘋了吧，要知道你是永遠算不出來的！」

「我就要算一次給你看看。」

「我不信。」

「好，三天後我們再到這裡見面。」阿基米德說完後，兩人揮手而別。

埃拉托斯特尼的擔心不是沒有道理的。當時世界上還沒有發明方便的阿拉伯數字。希臘人用他們的二十七個字母分成三組，分別代表個、十、百、千位數，到一萬就是最大的了，再大就無法表示和計算。

可是，阿基米德這個怪人，他能想出這個怪題目，也能找到好辦法。他立即找來一粒球形的橄欖核，算出它的體積等於幾粒沙子，又依次推算地球的體積、宇宙的體積等於多少枚橄欖核。當數字超過一萬時，他聰明地把萬（10^4）作爲一個新起點，叫它第一階單位，然後再往上數到萬萬（$(10^4)^2$），叫第二階單位，這樣就可以依次推到很大很大。

過了些日子，敘拉古國王收到阿基米德的一封信，說他已經算出這個龐大的數字：塞滿宇宙需要一千萬個一千萬的第八階單位粒沙子，用今天的數學方式來表示可以寫成：10^7（一千萬）$\times (10^7)^8$（第八階）。再確切一點就是1後面寫上六十三個0。

當然，這個數字在今天看來是不能成立的，因爲宇宙是沒有邊緣的。阿基米德是根據當時人們認爲的宇宙半徑計算。可是這樣一算，他倒是找到了一種數學新概念：「階」。「階」相當於後來數學上的「冪」（指數）。

第三天中午剛過，阿基米德便如約向沙灘走去。他高高的個子，一頭金髮，鼻略高、眼微凹，走起路來總是昂首看著遠方，好像那水天之際有他正在思索的答案。他年輕、瀟灑、剛毅、聰穎集於一身，彷彿世界就在他的手中。當他來到沙灘時，埃拉托斯特尼比他來的還早，正面對大海，左手插腰，眼睛朝向海面遠處，好像在仔細地搜索什麼。奇怪，右手還拄著一根高高的細

註解

◎ 2. 阿基米德（西元年 287 年～前 212 年）：英文名為 Archimedes，被稱為敘拉古的阿基米德（Archimedes of Syracuse）。

◎ 3. 埃拉托斯特尼（西元年 276 年～前 195 年）：英文名為 Eratosthenes，被稱為昔蘭尼的埃拉托斯特尼（Eratosthenes of Cyrene）。

竹竿，既不像釣魚，也不像撐船。阿基米德悄悄走到他背後大喊一聲：「我來了！」

埃拉托斯特尼讓他這麼一喊，肩膀不覺抖了一下，猛一回頭，嗖地一聲將竹竿平握在手中，一見是他，忙笑著說：「啊，原來是你。是來認輸的吧。」

「……科學無戲言。阿基米德什麼時候說過假話？」接著阿基米德便將他算的結果如此這般地說了一遍。說完又得意洋洋地抓起兩把沙子拋向天空：「世界在我的手中！」

不料埃拉托斯特尼並不以爲然，他將竹竿往沙地上一插說：「你能知道宇宙裝得下多少沙子，可是你知道地球周長有多少？」這一問倒把阿基米德問住了，他沒想到這個比他小十一歲的朋友這樣年輕氣盛。今天是專和他鬥法來的，便反過來將他一軍：「難道你知道有多長？」

「不瞞你說，在你數沙子的時候我已經測好了。」

「啊！」阿基米德覺得新鮮極了，「你用什麼辦法測得？」

「這很簡單，我只用了一根三公尺長的竹竿。」

「難道你用竹竿把地球量了一圈？」

「不！我就站在這裡不動！」埃拉托斯特尼認眞地講述起來：

「你知道，離亞歷山大五千斯塔迪姆（埃及長度計算單位）有一個城市叫塞恩，夏至那天，陽光可以直射到井底，說明光線與塞恩城的地面垂直，而在我們亞歷山大的物體卻有一個短短的影子。我就拿這一根竹竿在亞歷山大廣場上這麼一立，就能算出這兩個城市與地球球心形成的夾角，再一量這兩個城市間的距離……」◎4

「……就能推出地球的周長。妙！妙！」整天研究三角、圓弧的阿基米德心有靈犀，一點就通。他不等埃拉托斯特尼說完就著急地問：「夾角多大？」

「七又五分之一度。」

「距離多少？」

「五千斯塔迪姆。」

「呵，地球周長二十五萬斯塔迪姆。」阿基米德說的這個數字合四萬公里，與我們近代測得數字僅差一百公里。

「阿基米德，你這個數學腦袋可眞厲害啊！」

他倆都仰天大笑起來。阿基米德尤其興奮。他說：「我們還可以算出月亮、太陽，算出地球怎樣繞太陽轉，我還要製造一個天體模型，讓人們親眼看看天體怎樣運動……」

正當他們高興地歡笑的時候，突然礁石後面跳出一個人來，大喝一聲：「站住，你們兩個大膽的書呆子，還要不要腦袋！」

究竟礁石後面跳出一個什麼人來，且聽下回分解。

註解

◎4. 埃拉托斯特尼利用太陽光測出地球直徑約在西元前240年。

第四回 赤身裸體長街狂奔 一對好友海邊爭論

——比重與浮力的發現

埃拉托斯特尼談論天體結構的時候，突然有人大喊「還要不要腦袋」。兩人大吃一驚，忙回頭仔細一看，才鬆了一口氣，原來是他們的好友，亞歷山大博物院的天文學家阿里斯塔克斯◎1。阿基米德正要回敬他幾句，阿里斯塔克斯暗示他不要嚷嚷。他一抬頭才發現不遠處還有二人在散步，其中一人叫克里安西斯◎2。阿基米德不覺聳了一下肩膀，三人立即悄悄地返身離開海灘往回走去。

原來，在這個世界學術中心，堂堂的亞歷山大博物院裡，派系鬥爭也很激烈。剛才那個克里安西斯是斯多噶唯心哲學派的領袖。如果要讓克里安西斯知道他們三人討論地球在繞太陽轉之類的問題，是夠危險的。要知道，在阿基米德死後一千多年，布魯諾和伽利略就是因爲堅持這個學說，一個被燒死，一個被判了無期徒刑。這是後話。難怪阿里斯塔克斯問他們還要不要腦袋。

再說阿基米德在亞歷山大學習了一段時間後，頓生思鄉之情，便回到了自己的祖國——西西里島的敘拉古。敘拉古國王希倫二世◎3和阿基米德是親戚。見他在外留學多年，也不問學識深淺，一見面就給他出了個難題。原來一年一度的盛大祭神節就要來臨了。希倫二世國王交給金匠一塊純金，命令他製出一頂非常精巧、華麗的王冠。王冠製成後，國王拿在手裡掂了掂，覺得有點輕。他叫來金匠問是否摻了假。金匠以腦袋擔保，並當面用秤來秤，與原來金塊的重量一兩不差。可是，摻上別的東西也是可以湊足重量的。國王既不能肯定有假，又不相信金匠的誓言，於是把阿基米德找來，要他解此難題。

一連幾天，阿基米德閉門謝客，反覆琢磨，因爲實心的金塊與鏤空的王冠外形不同，不砸碎王冠鑄成金塊，便無法求算其體積，也就無法驗證是否摻了假。他絞盡腦汁也百思不得其解。

讀者有所不知，這阿基米德還有一個怪毛病，就是家裡桌上有了灰塵，從不許別人擦去，以便他在上面畫圖計算。爐灰掏出來不讓人馬上倒掉，也要攤在地上畫個半天。因爲當時並沒有現在這樣方便的紙筆。更有怪者，他常癡癡呆呆地在自己身上塗畫。

當時人們用一種特產的泥團當肥皂。一天他準備洗澡，可是剛脫了上衣，就抓起一團泥皂在肚子上、胸脯上塗畫起來，畫了個三角又畫圓，邊畫邊思考那頂惱人的王冠。這時他的妻子走進來，一看就知道他又在犯癡，二話沒說，便一把將他推入浴室。他一面掙扎，一面喊道：「不要濕了我的圖形！不要濕了我的圖形！」

但是哪由分說。這厲害夫人逼阿基米德洗澡，也已經是平常事了。他還未喊完，已「撲通」一聲跌入池中，夫人掩門而去。誰知這一跌倒使他的思路從那些圖形的死胡同裡解脫出來，他注視著池緣。原來池水很滿，他身子往裡一泡，那水就順著池緣往外溢，地上的鞋子也淹在水裡，他急忙探身去取。而他一起身水又立即縮回池裡，這一下他連鞋也不取了，又再泡到水裡，就這樣一出一入，水一漲一落。再說夫人剛走出門外，正要去幹別的事，忽聽那水池裡啦啪啦啪啦地響，水唰唰啦啦地在地上亂流。

註解

◎ 1. 阿里斯塔克斯（約西元前 310 年～前 230 年）：英文名為 Aristarkhos，被稱為薩摩斯的阿里斯塔克斯（Aristarchus of Samos）。

◎ 2. 克里安西斯（約西元前 331 年～前 232 年）：英文名為 Cleanthes。

◎ 3. 希倫二世（約西元前 308 年～前 215 年）：英文名為 Hiero II。

她停步返身，正要喊：「連洗澡也不會啊！」忽然阿基米德渾身一絲不掛，濕淋淋地衝出門來把她撞倒，她忙伸手，滑溜溜地沒有抓住。阿基米德已衝到街上，高喊著：「優勒加◎4！優勒加！（意即發現了）」夫人這回可眞著了急，嘴裡嘟囔著：「眞瘋了，眞瘋了。」便隨後也追了出去。街上的人不知發生了什麼事情，也都跟在後面追著看。阿基米德頭也不回地向王宮一路跑去。

原來，阿基米德由澡盆溢水聯想到王冠也可以泡在水裡，溢出水的體積就是王冠的體積，而這體積與一樣重的金塊的體積應該是相同的，否則王冠裡肯定有假。就是說，一樣重量的東西泡進水裡而溢出的水不一樣，肯定它們就是不同的物質。每一件物質和相同體積的水都有個固定的重量比，這就是比重。直到現在，物理實驗室裡還有一種求比重的儀器，名字就叫「優勒加」，以紀念這一不尋常的發現。

阿基米德跑到王宮後立即找來一盆水，又找來同樣重量的一塊黃金，一塊白銀，分兩次泡進盆裡。白銀溢出的水比黃金溢出的幾乎要多一倍（現在我們確切地知道，白銀的比重是十點五，黃金的比重是十九點三）。把一樣重的王冠和金塊分別泡進水盆裡，王冠溢出的水比金塊的多，這時金匠不得不低頭承認，王冠裡是摻了白銀。這件事使國王對阿基米德的學問佩服至極，他立即發出佈告：「以後不論阿基米德說什麼話，大家都要相信。」

這煩人的王冠之謎總算解決了，阿基米德那愁鎖的眉頭剛剛舒展一點，可心裡又結上了一個疙瘩，眞是「才下眉頭又上心頭」，他的大腦永不肯休息。原來，這希臘是個沿海國家，自古航海事業發達。阿基米德自從在澡盆裡一泡，發現物體排出的水等於其體積後，那眼睛就整天盯住海裡各種來往的貨船，有時在海灘上一立就是一天。那如癡如醉的樣子常引得運貨的商人和水手們在他的背後指三說四。

這天他和好友科農◎5到海邊散步，還沒有走多遠就停在那裡。科農知道他又想起了什麼，正要發問，突然阿基米德倒先提出一個問題：「你看，這些船為什麼會浮在海上？」

「這很簡單，因為它們是木頭做的。」

「你是說，只有比水輕的東西才可以浮在水上嗎？」

「當然只能如此。」

「可是你看那些奴隸們從船上背下來的箱子，那些金銀玉器，那些刀槍兵器，哪個不比水重，為什麼它們裝在船上不會沉到水裡？」

科農一時答不上來。阿基米德又說：「我要是把一艘船拆成一塊塊的木板，再把木板和那些貨捆在一起，拋到海裡，你說會不會沉到海底？」

科農驚得瞪大了眼睛。

「老朋友，你真的要拆一艘三桅貨輪作試驗嗎？」他知道阿基米德搞起實驗來是什麼都想得出來、幹得出來的。

阿基米德淡淡一笑說：「不會，不會。」他從科農吃驚的眼神裡知道自己在別人眼裡實在是個瘋子。「我想，我們總會找到別的實驗辦法的。」

註解

◎4. 優勒加：英文為Eureka，。

◎5. 科農（約西元前280年～前220年）：英文名為Conon，被稱為薩摩斯的科農（Conon of Samos）。

從這天起，海灘上就再也看不見這一對好友的影子。原來，他們待在家裡，圍著陶盆，要尋找「浮力」。阿基米德把一塊木頭放在水裡，從陶盆排出的水正好等於木頭的重量，他記了下來；又往木頭上放了幾塊石子，再排出的水又正好等於石子的重量，他又記了下來；他把石頭放到水裡，用秤在水裡秤石頭，比在空氣中輕了許多，這個輕重之差又正好等於石頭排出的水的重量……。阿基米德將手邊能浸入水的物體都這樣一一做過試驗，終於一拍腦門，然後拿起一根鵝毛管筆在一張小羊皮上鄭重地寫下了這樣一句話：

「物體在液體中所受到的浮力，等於它所排開的同體積的液重。」

接著他將那些實驗數字整理好，開始書寫一本人類還沒有過的科學新書《論浮體》。這本書當時自然不會印刷出版，書的手稿在阿基米德死後二千年才在耶路撒冷圖書館被人發現，書中插圖的水面竟是球面形狀，這體現了他的科學思想：大地是球形的。這是後話。

還說現在，阿基米德躲在小屋子裡，地上擺滿了盆盆罐罐，桌上鋪著一疊羊皮，他正埋頭實驗和寫作。忽然，一個人推門進來，只見他穿著一身華貴的朝服，卻滿臉汗水，兩腳泥漿，站在門口上氣不接下氣地嚷道：「啊，我尊敬的阿基米德先生，原來你躲在這裡。難道你不知道外面發生了什麼事情？國王正派人四處找你，他心急如火，這會兒正在宮裡發脾氣呢。」

欲知國王找他有何急事，且聽下回分解。

第五回　推動地球不費吹灰力　橫掃勁敵方知科學威

——槓桿原理的發現

且說阿基米德將自己鎖在海邊的一間石頭小屋裡，正夜以繼日地寫作《論浮體》。這天突然闖進一個人來，一進門就忙不迭地喊道：「哎呀呀！你老原來躲在這裡。此刻國王正撒開人馬，在全城四處找你呢。」阿基米德認得他是朝內大臣，心想，外面一定出了大事。他立即收起羊皮書稿，伸手抓過一頂圓殼小帽，飛身跳上停在門口的一輛四輪馬車，隨這個大臣直奔王宮。

當他們來到殿前階下時，就看見各種馬車停了一片，衛兵們銀槍鐵盔，森列兩行。殿內文武滿座，鴉雀無聲。國王正焦急地在地毯上來回踱著步子。由於殿內陰暗，天還不黑就燃起了高高的燭臺。燈下長條几案上攤著海防圖、陸防圖。阿基米德看著這一切，就知道他最擔心的戰爭終於爆發了。

原來這地中海沿岸在古希臘衰落之後，先是馬其頓王朝的興起，馬其頓王朝衰落，又是羅馬王朝興起。羅馬人統一了義大利本土後向西擴張，遇到了另一強國迦太基。西元前二六四年到二四一年兩國打了二十三年仗，這是歷史上有名的「第一次布匿戰爭◎1」，羅馬人獲勝。西元前二一八年開始又打了十七年，這是「第二次布匿戰爭」，這次迦太基起用了一個奴隸出身的軍事家漢尼拔，一舉輕獲羅馬人五萬餘眾。地中海沿岸的兩霸就這樣長年爭戰，互有勝負。阿基米德的祖國敘拉古，是個夾在迦、羅兩霸中的城邦小國，在這種長期的風雲變幻中，常常隨

註解

◎1. 布匿戰爭（Bella punica）：古羅馬與迦太基兩個古代強國間為爭奪地中海西部統治權而進行的著名戰爭。前後有3次。第一次布匿戰爭（西元前264年～前241年）、第二次布匿戰爭（西元前218年～前201年）、第三次布匿戰爭（西元前149年～前146年）。

著人家的勝負而棄弱附強，遊移飄忽。阿基米德對這種眼色外交很不放心，曾多次告誡國王，不要惹禍。可是現在的國王已不是那個阿基米德的好友希倫二世。他年少無知，卻又剛愎自用。當西元前二一六年「第二次布匿戰爭」爆發後，眼看迦太基人將要打敗羅馬人，國王很快就和羅馬人決裂，與迦太基人結成了同盟，羅馬人對此舉非常惱火。現在羅馬人又打了勝仗，就大興問罪之師，從海陸兩路向這個城邦小國壓了過來，國王嚇得沒了主意。這時他看到阿基米德從外面進來，迎上前去，恨不得立即向他下跪，忙說：「啊，親愛的阿基米德，你是最聰明的人。聽先王在世時說過，你都能推動地球。」

關於阿基米德推動地球之說，這還是他在亞歷山大留學時候的事。當時他從埃及農民提水用的「沙杜佛」（吊杆）和奴隸們撬石頭用的撬棍，發現了可以借助一種槓桿來達到省力的目的，而且發現，由手握處至支點的這一段越長，就越省力氣。由此他提出了這樣一個定理：力臂和力（重量）的關係成反比例。這就是槓桿原理。用我們現在的表達方式就是：重量×重臂＝力×力臂。爲此，他才會給當時的國王希倫二世寫信說：「我不費吹灰之力，就可以隨便牽動任何重的東西。只要給我一個支點，給我一根足夠長的槓桿，我也可以推動地球。」可現在這個小國王並不懂得什麼叫科學，他只知道在這大難臨頭之際，趕快借助阿基米德的神力救他一駕。

可是這羅馬軍隊著實厲害。他們作戰時列成方隊，前面和兩側的士兵將盾牌護著身子，中間的將盾牌舉在頭上，戰鼓一響，這一個個方隊就如同現代化的坦克一樣，向敵陣步步推進，任你亂箭射來也只不過是把那盾牌敲出無數的響聲而已。羅馬軍隊還有特別嚴的軍紀，發現臨陣逃脫立即處死，士卒立功晉級，統帥獲勝返回羅馬時要舉行隆重的凱旋式。這支軍隊稱霸地中海，所向無敵，一個小小的敘拉古哪放在眼裡。況且舊仇新恨，早想來一次清算。

這時由羅馬執政官馬克盧斯◎2統帥的四個陸軍軍團已經推進到敘拉古城的西北。現在城外已是金鼓齊鳴，殺聲連天了。在這危急的關頭，阿基米德雖然對因國王目光短淺造成的這場禍害很是不快，但木已成舟，國家爲重，他掃了一眼沉悶的大殿，撚著銀白的鬍鬚說：「要是靠軍事實力，我們決不是羅馬人的對手。現在要能造出一種新式武器來，或許還可守住城池，以待援兵。」國王一聽這話，立即轉憂爲喜說：「先王在世時早就說過，凡是你說的，大家都要相信。這場守衛戰就由你全權指揮吧。」

兩天之後，天剛破曉，羅馬統帥馬克盧斯指揮著他那嚴整的方陣向護城河逼來。今天方陣還準備了鐵甲騎兵，方陣內強壯的士兵肩扛著雲梯。馬克盧斯在出發前宣佈：「攻破敘拉古，到城裡吃午飯去。」在喊殺聲中，方陣慢慢向前蠕動。按常規：城上早該放箭了。可怎麼今天城牆上卻是靜悄悄地不見一人？也許幾天來的惡戰使敘拉古人已筋疲力盡了吧。羅馬人正在疑惑間，城裡隱約傳來吱吱呀呀的響聲，接著城頭上就飛出大大小小的石塊，開始時如碗如拳，以後越來越大，簡直如鍋如盆，火山噴發般地翻將下來。石頭落在方陣裡，士兵們忙舉盾來護，哪知石重速急，一下連盾帶人都搗成一團肉泥。羅馬人漸漸支援不住了，連滾帶爬地逃命。這時敘拉古的城頭又射出了飛蝗般的利箭，羅馬人的背後無盾牌和盔甲，那利箭直穿背股，哭天喊地，好不悽慘。

註解

◎2. 馬克盧斯（西元前268年～前208年）：英文名為Marcus Claudius Marcellus。

正是：

你有萬馬和千軍，我有天機握手中。不怕飛瀑半天來，收入潭底靜無聲。

阿基米德到底造出了什麼武器使羅馬人大敗而歸呢？原來他製造了一些特大的弩弓——發石機。這麼大的弓，人是根本拉不動的，他用上了槓桿原理。只要將弩上轉軸的搖柄用力板動，那與搖柄相連的牛筋又拉緊許多根牛筋組成的弓弦，拉到最緊處，再猛地一放，弓弦就能帶動載石裝置，把石頭高高地拋出城外，落到一千多公尺遠的地方。原來這槓桿原理並不只是簡單使用一根直棍撬東西。比如水井上的絞盤吧，它的支點是絞盤的軸心，重臂是絞盤的半徑，它的力臂是搖柄，搖柄一定要比絞盤的半徑長，打起水來就很省力。阿基米德的拋石機也是用這個原理。他眞是把槓桿原理用活了。羅馬人哪裡知道敘拉古城有這許多新玩意兒。

就在馬克盧斯剛敗回大本營不久，海軍統帥克勞狄烏斯◎3也派人送來了戰報。原來，當陸軍從西北攻城時，羅馬海軍從東南海上也發動了攻勢。羅馬海軍原來並不厲害，後來發明了一種接舷鉤裝在船上，遇到敵艦就可以鉤住對方，軍士躍上敵艦，變海戰爲陸戰，奮勇殺敵。今天克勞狄烏斯，爲對付敘拉古還特意將艦包上了鐵甲，準備了雲梯，號令士兵，只許前進，不許後退。

奇怪的是，今天敘拉古的城頭卻分外安靜，牆垛後面不見一卒一兵，只是遠遠望見直立著幾副木頭架子。當羅馬戰船開到城下，士兵們舉起雲梯正要往牆上搭的時候，突然那些木架上垂下一條條鐵鍊，鏈頭上有鐵鉤、鐵爪，鉤住了羅馬海軍的戰船。任水兵們怎樣使勁划槳，那船再不能挪動一步。他們用刀砍，用火燒，大鐵鍊分毫不動。正當船上一片驚慌時，只見大架上的木輪又「嘎嘎」地轉動起來，接著鐵鍊越拉越緊，船漸漸被吊離了水面，隨看船身的傾斜，士兵們被紛紛拋進了海裡，桅杆也被折斷。船身被吊到半空以後，這個大木架還會左右轉動，於是那一艘艘戰艦就像盪鞦韆一樣在空中悠盪，然後被摔到城牆上，摔到礁石上，成了堆碎木片。有的被吊過城牆，成了敘拉古人的戰利品。

這時敘拉古城頭上還是靜悄悄的，沒有人彎弓射箭，也沒有人搖旗吶喊，只有那件怪物似的木架，伸下一個大鉤抓走了戰船。羅馬人看著這「嘎嘎」作響的怪物，嚇得腿軟手抖，海上一片哭喊聲和落水碰石後的呼救聲。克勞狄烏斯在戰報中說：「我們看不見敵人，就像在和一隻木桶打仗。」原來阿基米德的這件「怪物」用的也是槓桿原理，又加了滑輪。◎4

經過這場大戰，羅馬人損兵折將，又白白丟了許多武器和戰船，可是還沒有見過阿基米德一面。晚上馬克盧斯胡亂吃了幾口飯、一人在燈下直生悶氣：「阿基米德，阿基米德，你這個曾赤身裸體在街上跑的怪人，想推動地球的瘋子，你手裡到底有多少魔法，今天我連這個小小的敘拉古也拿不下來，回去怎麼向元老院交代？」正當馬克盧斯孤燈悶坐，苦無良策時，有一個人悄悄走進來，走到他面前說道：「將軍，我有一計，管保阿基米德三天之內束手就擒。」

註解

◎ 3. 克勞狄烏斯（約西元前三世紀）：英文名為 Appius Claudius Pulcher。

◎ 4. 此物被稱為「阿基米德之爪」（The Claw of Archimedes）。

第六回　老弱婦孺齊上陣　一面鏡子退千軍

——凹面鏡的聚光作用

卻說馬克盧斯作戰一天，損兵折將，正在帳內悶坐，這時進來一人獻策說，三天之內能使阿基米德束手就擒。他抬頭一看，原來是一員副將。那人說：「將軍，你怎麼忘了，我們也有厲害的武器啊，這時不用，還待何時？」

原來羅馬人常年征戰，攻城掠地，也發明了一些專門武器。不過他們還不能像阿基米德那樣巧用科學，以智取勝，而是專靠役使大量的奴隸，以力取勝。現在這位副將說有厲害的武器，是指專門用來攻城的「攻城塔」，就是立一座十分高大的木塔，下面裝輪子，攻城時推至城牆邊，兵士從塔頂用弓箭封鎖對方的城頭，然後架上雲梯強攻。馬克盧斯經部下這麼一講，才從沮喪中醒來，連忙召集會議，研究新的攻城方案。他又特別派人向海軍統帥克勞狄烏斯送信，約以聯合行動，務求一舉攻下敘拉古。會議結束時，馬克盧斯特意宣佈了一條軍令：「抓住阿基米德者有重賞，但一定要保證他的安全，不得有任何傷害。」

第二天，戰場上一片寂靜，雙方相安不動，各自秣馬厲兵，期以死戰。第三天早晨，從羅馬軍營裡出來一座木樓房，緩緩地向敘拉古城靠近。那正是攻城塔，前有數百人拉，後面又有許多人推，漸漸逼近了護城河。這時敘拉古城中又飛出了大大小小的石塊，但是，這些石塊碰到攻城塔上裹的幾層厚厚的牛皮，砰砰有聲，卻又軟軟地落地。攻城塔很快接近了城牆，固定好塔腳，塔頂上排好射手，塔下的攻城槌，開始咚咚地搗城牆了。這下敘拉古城內一片驚慌。男子差不多都上了城頭，到處是一片嘶喊，刀光劍影。這時，馬克盧斯騎一匹帶鐵甲的馬親自督陣，臉上顯出得意的神情：「啊，阿基米德，你這個老頭子，看你今天不敗在我的手下!?」

眞是屋漏偏遭連陰雨，船破又遇頂頭風。正當城北羅馬陸軍架起攻城塔強攻的時候，城南遠處的海面上，克勞狄烏斯率領海軍戰船，黑壓壓的一片，乘風破浪向城邊壓來。這時守城的士兵大都上了北城牆，南門上只有幾個老兵放哨，見此情景就敲起鐘來，並飛快地向阿基米德告急。阿基米德正在大營裡與將軍們商量守城之策，接此報告，向人們吩咐了幾句，便隻身來到南城門樓上。他瞇起那雙已經掛上白眉毛的慧眼，向海面上凝視了片刻，又抬頭望望天空，只見萬里無雲，驕陽噴火，便說道：「事情緊急，現在趕快叫全城所有的婦女帶上自己的梳妝鏡，到南門外集合！」

一些士兵飛快進城傳令去了，阿基米德守候在海邊。他站在高高的礁石上，凝望著那藍天碧海。他雖然裹著一身鐵甲，但是難免又閃過一縷學者的情思。多麼美麗的地中海啊，水天一色浩浩茫茫，清風徐來，鷗鷺點點。這個知識之海，和平之海，她那長長的海岸從希臘半島到尼羅河口，生成了多少科學巨人：泰勒斯、畢達哥拉斯、歐幾里得、亞里斯多德◎1；她那深深的碧波，從西西里島到賽普勒斯，融匯了多少東西方的文明：中國的絲綢，印度的象牙，埃及的紙草，希臘的工藝品。可是今天這和平之海上卻燃起了火，飄起了血。他又極目遠眺，彷彿看到了那亞歷山大港外的那座塑有海神波賽頓大雕像的巨大燈塔，彷彿看見了塔頂那團熾燃的火，火後

註解

◎1. 亞里斯多德（西元前384年～322年）：英文名為Aristotler。

邊那面特別大的凹面銅鏡。那團火正好處在凹面鏡的焦點上，也就是說在鏡面弧半徑的中點上，於是那光射到鏡面上，又都成平行光束集中反射出去，極強極亮。他永遠也不會忘記這座劃破黑暗，給遠航者指路的燈塔，不會忘記他第一次橫渡地中海去亞歷山大求學，還未見海岸就先見到那團智慧之火的情景。他想起了在那裡學習的時候，正當青春年華，朝氣蓬勃，可是，隨著歲月的流逝，他已經是七十歲的老人，還肩負保衛國家的重任。他暗暗乞求海神波賽頓保佑，今天也讓我們用那團智慧之火把侵略者埋葬在地中海吧。

這時，羅馬人的艦隊已漸漸地逼近了敘拉古。克勞狄烏斯站在指揮船上，腰佩長劍，頭戴鐵盔。爲了防備敘拉古城上那木頭架子怪物再伸出魔爪，他命令將每八艘戰艦鎖在一起，連成一個巨大的海上戰台，給士兵們配備了特製的大斧，準備砍斷木架上伸出的魔手，然後就可以架雲梯登城。可是當他們的戰艦接近敘拉古的時候，卻看到城頭上並沒有那個怪物木頭架子，也沒有彎弓持槍的守兵，卻看到城門大開著！這時城裡走出三五成群的婦女穿著長長的白衣裙，飄飄然地走向海邊，有的爬上礁石，有的靠近水邊，婦女群中還夾著少數老人、孩子。這是幹什麼呢？阿基米德這個怪老頭子，又在玩什麼詭計。克勞狄烏斯不覺犯了尋思，他忙令水手停槳，手搭涼棚仔細觀察一番。不錯，都是些婦女、老弱。對，一定是北面攻打得緊，城將失守，他們出城投降來了。想到這裡克勞狄烏斯高興起來，他好像看見了婦女們焦愁的面容，聽到了她們乞憐求饒的柔語嬌聲。他哈哈大笑起來。傳令水手們用快速前進，好搶頭功。

這時，分散在海邊排成一個弧形的婦女們，每人從懷裡掏出了一面鏡子。如火的陽光照射鏡面，立即反射出一束束強烈的光芒。克勞狄烏斯看到了，以爲那是一種別致的歡迎儀式，更加欣喜若狂。可是不一會，這些光束漸漸集中到船上，對準了桅杆，盯在那高大的白帆上。船隨著海浪在起伏顛簸，光束隨船帆上下移動，但卻像吸住一樣，總不離開那面布帆。這時滿船將士才不安起來，莫非阿基米德又想出了什麼怪點子吧。一會兒有人喊，船帆有點發黑了，有人又喊，聞到焦糊味了。話還沒說完，那桅杆上的白色篷帆驀地變成一團烈火燃燒起來。接著浸了油的帆繩、木頭桅杆都劈劈啪啪地著了火，火苗四散，繼而浪煙大火，彌漫了整個船臺。那些八艘戰艦拼起來的超級戰台，因爲互相連鎖著，哪一艘也不能逃脫。水手們心裡一慌，槳法錯亂，船臺在波峰浪谷間只是滴溜溜地打轉。不一會，其他的船臺上也起了大火，可憐克勞狄烏斯辛苦經營的艦隊，都化作了焦糊的木板漂散在地中海上，他自己幸得幾艘沒有上鎖的戰艦搭救，率領殘軍倉皇駛向那浩渺的煙波裡，逃命去了。

原來這阿基米德眞是靠海神波賽頓幫的忙。那燈塔是將火光平行反射出去，而他則是利用光線的可逆原理，將那平行的太陽光聚集起來。似火驕陽放射出的無數光束經這群娘子軍手中的鏡子一集中，其熱度不亞於一團大火。驕傲而又對光學無知的克勞狄烏斯怎麼會知道阿基米德指揮這群婦女將他置於這面大鏡的焦點上呢？虧得他僥倖，不然這火將他烤熟也是毫不費力的。這樣說來讀者也許不信，但後人對此確曾作過驗證。

一七四七年，法國科學家布豐◎2用三百六十面邊長十五公分的正方形鏡拼成了一個大凹面鏡，將陽光聚起來燒著了七十公尺外的木柴堆，燒熔了三十公尺外的鉛和十八公尺外的銀。到

註解

◎2. 布豐（西元 1707 年～ 1788 年）：Georges-Louis Leclerc, Comte de Buffon。

二十世紀七〇年代，在阿基米德的故鄉西西里島的阿拉諾鎮，在這個當年曾經用鏡子火燒戰船的地方，歐洲九個國家決定聯合建造一座太陽能發電站。工程技術負責人說，這項工程的原理很簡單，就是當年阿基米德指揮婦女們打敗敵艦的原理。這是後話。

卻說當時阿基米德站在高處看見克勞狄烏斯的海軍已被火燒水淹，飄零而退，岸上的婦女、孩子們歡呼、雀躍，但他只是舒了一口長氣。他向來不主張用科學殺人，只是強敵當頭，兵臨城下，爲救全城百姓，才不得不姑且爲之。他再望望海面，確實沒有敵艦了，便招呼大家回城，一面對身邊的隨從說：「快備馬，到城北看看那邊打得怎樣了？」

第七回　秀才見兵有理說不清　敵酋來訪芳草掩哲人
——一個科學家的墓碑

話說阿基米德在南門指揮一群婦孺用鏡子火燒敵船後，又趕忙來到北門。其實城北守城之戰，他也早有安排。他已告訴守城的將士們可用長箭，箭尾繫上油繩，引燃之後射向攻城塔即可破之。當馬克盧斯指揮士兵推起攻城塔逼近城池後，城上帶火球的利箭紛紛射來。那塔本是木頭做的，上面又蒙了浸過油的牛皮，當這些火箭穿入牛皮時，箭尾的那一團火掛在了搭上。火一碰上油轟然而起，可憐一座如城樓似的攻城塔，便燒得稀裡嘩啦，焦散在地。馬克盧斯只好收兵而去。那天是石砸，今天是火燒，強大的羅馬軍隊在小小的敘拉古城下可說是吃盡了苦頭。他們從帥到兵膽戰心驚，就是城頭閃出一個抽菸的火星，扔下一根朽爛的草繩，也常常會把他們嚇得驚呼三聲。

從此以後，羅馬軍隊再沒有發動強攻，只是封鎖敘拉古的海陸通道，把城死死地圍了起來，並造出謠言離間城內的公民與外地人，這部分雇傭軍與那部分雇傭軍之間的關係。這樣一直圍了三年。到西元前二一二年春天，有一個雇傭軍頭目叛變，打開了城門，羅馬軍一擁而入，這場戰爭才告結束。

當羅馬軍隊長期圍困敘拉古的時候，阿基米德又回到了他的數學、力學世界裡去了。這是一座古老的院落，濃蔭蔽日，青藤掩牆，四周分外安靜。正房裡是一排排的書櫃，裡面全是一卷卷羊皮、紙草書稿。窗前有一張厚重的木桌，上面放著陶盆、木棍、各種木石鐵塊，那是做槓桿、比重實驗用的，旁邊還有一個新顏料瓶，裡面插著一隻鵝毛管大筆。陽光穿過前廊斜射到室裡，照著蹲在地上的一個正在沉思的老人。這時的阿基米德已是七十五歲高齡了，一生絞盡腦汁的思索，使他染上了滿頭白髮。近年來的刀兵生活，在他臉上又增添了幾道皺紋。

他在凝視著面前的一個沙盤，在他前後左右的地板上畫滿了各種三角形、正方形、柱形、弧形。那是他設想的宇宙中天體運行的軌道。他的思想正在科學的王國裡縱橫馳騁。亞歷山大博物院的圖書，地中海邊的學術討論，敘拉古城頭的較量，這一切都鋪成了他腳下的大道，他想沿著這條扎實的道路去探尋新的奧秘，爲人們解答更多的難題。眼前的科學迷宮之門馬上又要打開新的一扇。他正在研究沙盤裡的圖形，爲什麼圖畫上有一塊黑影呢？這是日食？是月食？是地球的影子？還是太陽的影子？這天體中的影子眞的來到了我的沙盤上了？他抬起頭，猛然發現眼前站著一個頂盔披甲的羅馬士兵；沙盤上的黑影原來是這兇神惡煞般身軀的投影。羅馬士兵大聲嚷著：「該死的敘拉古老頭，快把你的金銀財寶都拿出來，不然我就要你的命！」阿基米德這才明自發生了什麼事情。祖國已經淪陷，自己已經成爲俘虜了！他甩了一下長長的髮鬚，以科學家的誠實態度說道：「我是一無所有的，只有這些書，這些圖，可它們比金銀還要寶貴，但是不屬於我個人，它屬於祖國，屬於所有友好的人們。」

這時從門外又衝進幾個羅馬士兵，他們經過這三年的打擊、嘲弄，早已惱羞成怒，現在只有瘋狂的報復、搶劫才能平息心中的那團恨火。先來的那個羅馬士兵，見後面又有人來，一腳踢翻了沙盤，靴子踏動地板上的各種圖畫直向那一排排的櫃子撲去。

阿基米德猛地轉過身來，一把扯住了他的腰帶：「你可以砍下我的腦袋，但不能踩壞我的圖形，不能毀了我的沙盤，這是科學，是知識，是要留給後人的。」

那個士兵怒目圓睜，「唰」地一聲拔出那把罪惡的佩劍：「你這個瘋子，你在囉唆些什麼？」說著一劍刺透了阿基米德的胸膛。阿基米德用手扶著桌子，頑強地支撐著，目光掃過了一卷卷的書稿，鮮血濺在地板上，滴進沙盤裡，滴在那些三角形、正方形的圖案上。一個巨人的心臟就這樣停止了跳動。

阿基米德死後，他面前的那些科學之門，直到一、二千年以後才被伽利略、牛頓重新打開。那個野蠻的士兵，他哪裡知道，他這一劍是刺斷了科學的咽喉。古希臘的文明從此就跌落下來，再也沒有登上過世界的高峰。馬克盧斯自然是處死了那個士兵。史書記載，在爲阿基米德哀悼的人群中，馬克盧斯竟是最傷心的一個。他一定是在那飛石火箭的痛擊下，深深地懂得了一個科學家的偉大。

這場悲劇又過了一百三十七年，羅馬人早已完全統治了西西里島。西元前七十五年，羅馬派了一個年輕的政治家西塞羅◎1到西西里島任財務官。當時，阿基米德的科學思想早已飛出敘拉古的城牆，飛出西西里島，他的故事在地中海廣爲流傳。西塞羅想找到一點可以紀念阿基米德的實物。他親自來到敘拉古，在阿格里眞托門◎2附近一片墓地上一塊塊地讀著那已被風雨剝蝕得依稀難辨的碑文。突然地發現了從灌木叢中露出的半截石碑，那上面刻著一個圓柱體，圓柱體內

註解

◎ 1. 西賽羅（西元前 106 年～前 43 年）：英文名為 Marcus Tullius Cicero。

◎ 2. 阿格里真托門： Agrigentine gate。

還內接著一個球。偉大的阿基米德原來要將自己的墓碑做爲一頁書，作爲科學之路上的一個里程碑，把自己沒有畫完的圖形和沒有解完的題目刻在自己的墓碑上。他選擇的這個圖案，是他生前花了很多功夫得到的一個重要的證明：當一個高度（2R）與直徑（2R）相等的圓柱，內接一個球體時，這個圓柱體的體積等於這個內接球體的一倍半，即：

$$\pi R^2(2R) = 1.5\times(4/3)\times\pi R^3$$

【圓柱體積】　【一點五倍球體積】

另外，圓柱體的側面積，又正好等於球體的面積：

$$2\pi R\times 2R = 4\pi R^2$$

【圓柱側面積】　【球面積】

阿基米德特別重視這個證明，把它專門寫在一本《論球和圓柱》的書中，並寄給自己的好友多西費。他曾囑咐自己的家屬，死後要將此圖案刻在自己的墓碑上。

西塞羅，這個曾是當年敘拉古敵國的代表，此時懷著由衷的喜悅歡呼這一偉大的發現。他專門爲了文章進行稱頌，並重修了阿基米德之墓，讓這個遺跡作爲對這位科學家的永恆的紀念。

正是：

政治分左右，軍事有敵我。科學無國籍，知識一長河。

第八回　八龍舉首報地動　一騎飛至判真偽

——世界上第一台地動儀的誕生

上回說到古希臘偉大的科學家阿基米德在戰爭中不幸遇難。此後，歐洲在一千多年內，再沒出現可與他相比的人物。虛妄的封建迷信，瘋狂的宗教壓迫把人們淹沒在無知的荒野中。當時的世界文化中心亞歷山大已被焚毀，巴黎和倫敦的街上還是一些土房茅舍。整個歐洲沒有學校，沒有醫院，瘟疫到處蔓延，人們大批死亡，歐洲進入了中世紀的黑暗時代。

可是，幸虧地球是圓的，正像一半是黑夜，一半就是白天一樣，那時在東半球正有一個和羅馬一樣強大的帝國，這就是中國的漢王朝。就在西塞羅無限追思阿基米德而為他立碑的一百五十多年後，東漢的南陽郡西鄂縣（今河南南陽石橋鎮）降生了一個人。他就是後來在世界科學史上佔有顯赫地位的科學家張衡（西元七八年至一三九年）。

張衡自幼刻苦讀書，十六歲即外出考察遊學，後在京為官。一生共有著作二十種五十三篇，涉及文學、史學、哲學、天文、曆算、地理、藝術圖籍。正如一九五六年中國科學院院長郭沫若在重修張衡墓時的題詞中說的那樣：「如此全面發展之人物，在世界史中亦所罕見。」

話說西元一三八年◎1的一天，洛陽城裡漢順帝早朝，文武百官班列兩旁。順帝道：「眾愛卿，可有什麼事情要向朕奏明？」這時班中一位老臣，鶴髮童顏，趨前幾步跪下道：「臣今早察知京師正西方向發生地動，那裡必是房倒牆摧，江河橫溢，生靈塗炭，萬請陛下速派員安撫，以

註解

◎1. 現最新研究認為張儀第一次利用地動儀測量地震為西元一三四年。

救民於水火。」

這個老人就是年已六十一歲的張衡。他本來在朝中任太史令、侍中，三年前因敢於直言而被排擠出京任河間相，如今剛剛回朝任尚書，第一次上奏就說出這般不吉利的話來。且外面風和日麗，朗朗乾坤，沒有一絲地震的跡象，當即有人跪奏順帝：「我朝在和帝永元八年（西元九六年）至安帝延九四年（西元一二五年），三十年間就有二十三年發生大地震。安帝元初六年（西元一一九年），兩次地震京師和四十二個郡全都受災，房倒屋塌，山崩地裂。那是神靈主宰，上天垂象，朝將易主，果然連換三朝。自我皇永建元年（西元一二六年）登基以來，上應天意，下隨民心，天下太平，穀豐糧登，何來凶象之兆？平子（張衡字）在朝爲官多年，被調爲外相，分明是對聖上有怨。今日登殿假借天意，造謠惑上，宜交廷尉（掌刑法的官）論罪，以肅朝綱。」

此人伶牙俐齒，口若懸河，朝中不少迷信老朽聽得連連點頭。張衡的一些好友也不敢插嘴申辯，大殿之內一片肅靜。順帝一時也拿不定主意。先朝的大地震他是知道的，至今想來還心驚肉跳。可是，自他登基十二年來，張衡就有十一年在他身邊侍奉，上傳下達，犯顏直諫，也還忠於職守。自任太史以來，推算曆法，研究天文，製成渾天儀，演測天象，確有成效，今日之言決不至於信口開河。想到這裡，便問道：「卿言西方地動，有何根據？」張衡說：「臣在家中親自測得，三日之內必有驛報，若無此事，甘以欺君之罪受死。」於是當日散朝無事。

再說張衡散朝回來，一班親朋好友都爲他捏著一把汗，將他簇擁至家，七嘴八舌，要討個放心。張衡脫了朝服，輕捋銀鬚，微笑道：「諸位不必擔心，請隨我看一樣東西。」

眾人隨他來到後院一間廂房，這裡滿壁都是楠木書架，擺滿經、史、子、集各類書籍，還有他的手稿《溫泉賦》、《歸田賦》和那篇花了十年時間才寫成的《二京賦》以及天文著作《靈憲》、《渾天儀圖注》，數學著作《算罔論》等，這時蔡倫又剛剛發明了造紙，所以這張衡的書房和地中海邊阿基米德的石頭書屋大不一樣，並沒有那些大卷羊皮、顏料鵝毛之類。奇怪的是書房當中放著一件東西，狀如一個大酒樽，圓徑八尺，頂上有突起的蓋子，表面有浮雕的篆文、山、龜和鳥獸花紋。

這是他六年前（西元一三二年）親手用青銅製成的，這個大「酒樽」的上部有八條龍，龍頭分別朝東、西、南、北、東北、東南、西北、西南八個方向排列，每個龍嘴都含有一顆銅球。每個龍頭下對著一隻蛤蟆，張嘴對一龍口呈接食狀。大家仔細一看，八條龍唯有向西這條龍嘴巴緊閉，所含鋼珠已掉在下面蹲酒的那隻蛤蟆嘴裡。

張衡說：「這叫地動儀，能測八個方向的地動，只要遠處大地一有振動，必有一條龍吐球報信。你們看西面這條龍已經吐下銅球，告知那面肯定有地動了，所以我今天上朝奏明聖上，不想那些奸頑之徒又要乘機進讒，我自信這儀器是不會誤人的。」這時人們還是疑信參半，心神不定。大家圍著這件怪東西轉了幾圈，議了一會兒，便也都慢慢散去。

地動儀為何能報出地震，測出方向呢？原來，大酒撙內立一根很重的銅柱，名曰「都柱」，上粗下尖極易歪斜。都柱周圍的八個方向有八根曲桿，與八個龍頭相接，只要一個方向有地震波傳來，極不穩的都柱便會倒向這個方向，壓動曲桿，牽動龍頭，張口吐出銅球。這與阿基米德那此拋石機一樣也是用的槓桿原理，那曲桿就是我們現在機械學上的「曲槓桿」。張衡當年已如此熟練地運用這種機械原理，確是才思過人。

再說第二天，一日不見消息，第三天也無動靜。這時，那些反對張衡的人更有了話柄，有的上書要求皇上治他的罪，有的到他家裡來諷刺挖苦。張衡的一些朋友更是提心吊膽。按說就是千里路程，如眞有地動，驛馬日夜兼程也該到京了，莫不是儀器有失？張衡的夫人、子女、家人僕從無不急得如熱鍋上的螞蟻，唯有他自己讀書，批文，泰然自若。眼見紅日西斜，第三天又要過去。張衡批了一天的公文回到書房，剛捧起一卷書，忽然，老家人闖了進來，不及下跪就慌慌張張地說道：「老爺，不好了，剛才宮裡太監宣您到溫德殿見駕，怕是爲了那日朝上爭論的地動一事吧。」

張衡聞言急忙換了朝服去到溫德殿見駕。到底是凶是吉，且聽下回分解。

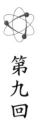

第九回　華燈熠熠壽宴威風　陰霧慘慘群愚受驚

——關於月蝕的一次測報

上回說到張衡報了地動不知吉凶，一聽皇帝召見，連忙換了朝服直奔溫德殿。只見群臣悄無一言，聖上面有慍色，像剛發過脾氣。順帝見張衡進來，說到：「卿言西方有地動，剛才驛馬來報果眞如此。學富五車又敢直諫，眞不愧爲朕的重臣，寡人特賜你黃綾五匹。」又轉過身來對那佞臣狠狠瞪了一眼。此時，張衡忙謝恩不迭。他知順帝優柔多變，朝中奸臣當道，怕以後節外生枝，就乘勢上奏，稱年已老邁，該辭官歸田，修纂書籍。順帝准奏。隔年（西元一三九年），這位世界科學史上的偉人便與世長辭了。

張衡去世後，這地球又繞太陽轉了三百二十圈。中國歷史經歷了東漢、三國、兩晉、十六國到了南北朝。這時在建康（南京）有一個劉宋小王朝，正是第四代皇帝孝武帝劉駿在位。這城從兩晉就做首都，建設得樓臺櫛比，亭榭相連，滿城輕歌曼舞，一派紙醉金迷。這天正是孝武帝大明三年（西元四五九年）九月十九日晚上，夜風輕輕，鐘鳴聲聲，一輪滿月冉冉升起，那些深宅大院更顯出巍峨的輪廓。這時離皇宮不遠處有一宅第，紅燈高挑，車馬不絕，連門口那對石獅子也披紅掛彩。這是當朝太子旅賁中郎將、給事中戴法興的官第。今日是他的四十五歲壽辰，正要大宴賓客。此人官銜不大，僅屬宮廷衛隊長，秘書長一類，可他出入皇宮左右，深得孝武帝信任。他心狠手毒，進一讒言就能讓你家破人亡。因此，今日不論生疏遠近，滿朝文武都來祝壽捧場。那戴某也光容煥發，前後謙恭。這時，他正挽著一位青年學者的手，走向客廳。

這個青年學者只有二十六歲，名叫祖沖之（西元四二九年至五〇〇年），出生官宦人家，少年好學，新近被收入皇帝專設的「華林學省」研究學問。「華林學士」們雖無官職，卻由皇帝賜房、賜衣、賜車、賜馬，名譽極高。祖沖之學問高深，名噪京師，連戴法興這樣的權臣，也因其赴宴引以爲榮。

一會兒，主賓落座，歌飄舞起。酒過三巡，眾人已有醉意。忽然，一僕人慌忙進來，走到戴法興身後語無倫次地說道：「老爺，不好了！街上人傳今晚有月蝕……」雖然聲音很輕，但是旁邊的幾個客人還是聽到了，立即被嚇得酒杯落案，呆若木雞。戴夫人不等僕人說完，便啪地給他一個耳光：「放屁！老爺生日，怎麼說起這等不吉利的話來？」僕人連忙跪倒：「奴才不敢胡說，外面貼有告示。」

「誰貼的？」戴法興滿臉殺氣。僕人以目示席，不敢再說。這時祖沖之整冠而起，從容答道：「是在下來府時隨手貼的。」不想這一句平平淡淡的話卻如同晴空驚雷，震得席上歌舞停歇，一片緊張。

原來，古人多講迷信，不懂日蝕、月蝕之理，以爲這是一種凶兆。漢宣帝時有一次日蝕，皇帝認爲這是大臣楊惲驕奢犯上所致，竟將他腰斬來謝天。今日是戴法興的良辰吉日，祖沖之怎敢在老虎嘴上拔毛？

其實，在此之前，中國早有日月蝕觀記載，但在預測方面還不太精確，因爲，這對月、地、日的運行軌道須做精確的計算。月球繞地球轉，地球轉繞太陽轉，月、地、日走馬燈似地旋轉不停。月光是日光的反射，月亮並不發光。當月亮轉到太陽和地球中間時，月亮的暗面對著我們，這正是初一和三十；當月亮轉到地球的另一側時，月亮的亮面對著我們，這正是皓月當空的十五，這樣地球處於日，月之間，就有可能三球一線，地球擋住太陽的光，使月亮不能反光，這就是月蝕。因此，月蝕常發生在舊曆十五。

道理已明，話題還是回到戴府宴會。戴法興一聽說是祖沖之貼的月蝕佈告，臉色刷地變了，先紅又白，時而鐵青。他想發作，可這青年學者是自己請的，而不是一般官吏；他想忍住，可壽誕喜慶，豈容出這等凶事？

幾經思考，他終於說出幾句肉中帶刺的話來：「文遠（祖沖之的字），聖人且畏命，你我凡夫俗人，怎敢妄言天機？你就不怕上天降罪嗎？」

豈不知，祖沖之今天正有意選中戴的壽宴，借機向人們宣講月蝕，好破除迷信。這時他倒乾脆坐下慢慢地說起來：「天球上眾星運行本有軌道，今日望日，日、地、月成一線，月爲地所遮，自然可能發生月蝕。這不是甚麼天命、天機，乃是自然之理。」

戴法興說：「月月有個望日，爲何不見月蝕？」

「這很簡單，地行軌道與月行軌道不在同一個平面，兩者都有夾角（現已測出約五度九分），所以每月一次望日，三星只能大致一線，乃會有蝕。這種情況若干年才遇一次，據我推算，今日當有月蝕。」

這時，賓客中有人聽後直點頭。他們知道，祖沖之工於數學，又通天文，觀察運算極爲精細，比如對一月有幾天的測算，已前無古人地算到二十七點二一二二三日（和現代測算只差萬分之一）。他今天敢在這裡預言月蝕，絕非沒有根據。於是，眾人交頭接耳，席間一時紛紛攘攘。

戴法興實在心裡不悅，起身兇狠地說：「一會要是沒有月蝕，可別怪我戴某不義！」祖沖之立即站起，高聲說：「如若沒有月蝕，在下甘願服罪。」

滿座立即又靜得沒有一點聲音，氣氛更爲緊張。戴法興轉身舉杯，惱火地喊「上酒！」客廳裡又笙歌再起，輕舞飄飄。

過了一會，正當人們耳熱酒酣之時，忽聽樓下有人驚呼：「天狗食月了！」人們呼地一下擁到窗前，見空中那輪本來如鏡初磨的明月，一點點地被吞入黑影，漸漸如弓如鉤，本來是明月星稀的十五之夜，突然天地渾沌就如初一初二一般。頓時冷風颼颼，陰霧慘慘，戴法興萬分沮喪。戴夫人慌忙命丫環老媽子快到院中擺設香案，然後親自燒香磕頭。家兵家將也都彎弓搭箭，向空中亂放。院子裡，敲鑼打鼓，摔盆打碗地亂做一團。眾人瘋狂呼喊，想把可惡的「天狗」轟走，救出它嘴裡的明月。然而，在這一片混亂之中，也有頭腦清醒者，認爲祖沖之講的有理。這可眞是一次最好的宣傳！

戴法興心裡又惱又怕，也顧不得體面，長跪在客廳外的平臺上，對天搗蒜似地叩頭。一會他忽然想起今天這事的主謀來，便起身問家人：「祖沖之哪裡去了？」

欲知後事如何，且聽下回分解。

第十回　割圓不盡十指磨出血　周率可限青史標美名

——圓周率是怎樣算出來的？

卻說那次祖沖之在戴法興的壽宴上測報月蝕，得罪了這個權臣，自覺在京城不好存身了，便應邀到南徐州（今江蘇鎮江）作了刺史劉延孫的助手。好在這個職務比較清閒，他便把大部分時間持續用來研究天文曆法。積三年之辛苦，於西元四二六年（大明六年）他終於寫出一部比較科學的《大明曆》呈獻給孝武帝，請求頒用。不想那個戴法興從中作梗，不但新曆法不能頒行，到大明八年，就連他當刺史助理的官職也被革去了。

祖沖之賦閒在家，心裡鬱憤難平。他深感當時的世道要辦成一件事實在難。可他想自己才三十六歲，難道此生就這樣一事無成？於是就想做點與政界牽涉不大的事——研究數學。

他先為古代數學名著《九章算術》作了注。《九章算術》成書於西元四、五十年間，集中國古代數學之大成，歷代有不少人曾為它作注，但都碰到一個難題：那就是圓周率（現在叫π，它是圓周和直徑之比）。

古時候，人稱「徑一週三」，即π等於三。王莽新朝時精確到三點一四五七，東漢時張衡又精確到三點一四六六，三國時劉徽為《九章算術》作注，則認為最精確的應是三點一四。四百多年來眾說不一。

祖沖之一接觸到圓周率問題，便被困擾得坐臥不安。他的住所裡，雪白的粉牆上，畫了一個大大的圓圈，地上也是大圈套小圈，桌上到處是紛亂的稿紙。他背著手在房間裡踱來踱去，一會兒好像自己走進了牆上那個大圓圈中，一會又好像桌上那一堆圓圈一齊湧進自己的腦子裡，如亂麻一團。

唉，這周徑之比是如何得出的呢？他又回到桌前抽出劉徽注的那本《九章算術》坐下來邊讀邊想。這時屋裡還有一個十三、四歲的男孩，他是祖沖之的兒子，叫祖暅。別看他小小年紀，卻天資聰穎，戲耍之餘常愛在父親身邊推算那些數位和圖形。今天他看到地上這許多圓圈感到很新鮮，便單腿在地上跳起圈來。突然聽到父親拍案喊道：「有了！」將他嚇了一跳，忙跑過去拉著父親的衣袖問道：「甚麼有了？」

「辦法有了。暅兒，你看劉徽這裡不是明明寫著割圓術嗎？只要將一個圓不斷地割下去，內接上正多邊形，求出多邊形的周長，不就有了圓周率了嗎？暅兒，你會嗎？」

「我會，用爸爸教過的畢氏定理一一去求就是了。」

「道理簡單，算起來可就費勁了。從今天起，咱爺兒倆就來辦這件事，你可要十分仔細啊。」

說完，祖沖之到院裡搬來幾根大竹子，操起一把刀破成細條，又一一斬成短截，整整做了兩天，地上堆起了一座竹棍的小山。現在聽起來奇怪，要計算怎麼先做起竹木工來？原來，當時既沒有阿拉伯數字可以筆算，也沒有算盤可以珠算。運算全靠一種叫算籌的原始工具。它是用竹木削成的一根根小棍，用來拼擺成各種數位。數字縱橫兩式，個位、百位、萬位用縱式，十位、千位用橫式。一切加、減、乘、除全靠用這些木棍在桌上擺來擺去。今天遇到這麼大的算題，平時的那些算籌哪裡夠用？

再說祖沖之將這一切準備停當之後，便在當地畫了一個直徑爲一丈的大圓，將圓割成六等分，然後再依次內接一個十二邊形、二十四邊形、四十八邊形……他都按畢氏定理用算籌擺出乘方、開方等式，一一求出多邊形的邊長和周長。你想這祖沖之何等聰明，他知圓周率是周長與直徑之比，所以就把直徑定爲一丈，這樣就省掉再除一次的程式，不斷求出多邊形的周長，也就不斷逼近圓周率了。

祖暅也在那個大圓圈裡跳進跳出地幫他拿算籌，記數字。就這樣直算得月落烏啼，直算得鶴鳴日升，那竹棍擺成的算式從桌上延到地下，又滿地轉著圈子，一屋上下全都是些竹碼子。這批算籌又都是些新破的竹子，還沒有來得及打磨，祖沖之用手捏著、想著、擺著，不消幾日，漸漸指頭都被磨破，那綠白相間的新竹竟染上了紅紅的血印。

正是：

公式定理雖無聲，原來卻是血凝成，莫言數字最枯燥，多少前人拚博情。

他們父子這樣不分晝夜地割竹算商。這天，他們割到第九十六份，眞是如攀險峰，愈登愈難。當年劉徽就是到此卻步，而將得到的三點一四定爲最佳資料。夜靜更深，小祖暅早已眼皮沉重，東倒西歪地想睡了。

祖沖之想，這些日子也實在辛苦了這孩子，便忙打發他去睡覺。他推開窗戶，深吸了幾日這建康城裡夜深時分甜甜的空氣，看了一回星空，又轉過身來看著當地那個大圓。那內接的九十六邊形，與圓都快接近於重合了。按說能算到這一步已經實在不易，用這個數字再去爲《九章算術》作注，也就完全可以了。

他用拳頭捶了捶酸睏的後腰，又摸摸纏了布條的手指，向牆邊的書架踱去，忽然背後唰啦啦一陣響聲。他猛一回頭，哎呀！原來剛才未關窗戶，一陣夜風吹起窗幔，把竹籌擺起的許多算式掃得七零八落，拋灑一地。這式子剛擺完還沒有來得及驗算，也未抄下得數。要知每算一遍就要進行十一次加減乘除和開方，多麼繁重的勞動啊！

祖沖之一下撲在地上，用還滲著血的十指捧起一掬算籌，對著深邃的夜空，低聲喊道：「老天啊！你也和戴法興一樣，如此欺人。」他一甩衣袖，索性將桌上的殘式全部拂去。又重新擺佈起來。

就這樣不知又過了多少天，只知花開花落，月缺月圓，父子倆把地上那個大圓直割到兩萬四千五百七十六份，這時的圓周率已經精確到三點一四一五九二六。祖沖之知道這樣不斷割下去，內接多邊形的周長還會增加，更接近於圓周，但這已到了小數點後第八位，再增加也不會超過一億分之一丈，所以圓周率 π 必然是大於三點一四一五九二六，小於三點一四一五九二七。當時祖沖之就把圓周率定在這「上下二限」之間。

這上下限的提法確是祖沖之首創，他得出的圓周率精確值在當時世界上已遙遙領先，直到一千年後才有阿拉伯數學家阿爾凱西的計算超過了他。所以國際上曾提議將圓周率命名爲「祖率」。這都是後話。

還說當時，經過無數個日夜奮戰，圖形遍地，算籌成堆，祖沖之終於算出了新的圓周率。這天他興致極好，便帶著兒子祖暅出了都城，到郊外一座小山上的寺院裡吃酒、訪友、散散心。

他邊走邊說：「暅兒，這圓周率在天文、曆算、測地、繪圖上處處都要用到，前面的幾位數字你可要牢牢記熟。」

小祖暅手裡拿著一枝野花，揚起稚氣的圓臉，往山上一指，說：「好記，好記！山顛一寺一壺酒，（三點一四一五九）。爸爸今日心情甚好，可以開懷暢飲了。」

祖沖之不禁仰天大笑，一來這些日子的辛苦總算有了個結果，二來小暅兒如此聰明，不怕事業後繼無人。那祖暅後來眞的成了中國歷史上有名的數學家。祖暅的那句玩笑還眞的又引出了一段故事。且待下回分解。

第十一回　無名僧天臺山上收高徒　智和尚一把尺子量北斗

——世界上第一次實測子午線

話說祖沖之推算圓周率後，告訴兒子說這數字如天機一般珍秘，要他切切記住。那祖暅倒隨口念出一句「山巔一寺一壺酒（三點一四一五九）」眞的又引出一段故事。時過兩百五十年，到了唐中宗年間。在今浙江省天臺縣，有座天臺山，山上草木蔥籠欲滴，層峰疊嶂入雲，海風習習，仙霧飄飄。山巔有一寺名國清寺，寺不大而甚雅，僧不多而道深。

每日裡松濤流水伴著那晨鐘暮鼓，別是一番風韻。這日住持和尚在僧房坐著，旁邊坑桌上放著一壺用山前桃花，山后梅瓣，房前竹葉，寺後松針釀成的功果酒。這位老僧也不知姓甚名誰，幾多年紀，白眉下一雙慧眼炯炯有神。老僧命弟子取來一個朱漆木盒，抓出一把檀木算籌，在桌上橫豎相間地擺開，算了起來。也不知過了幾個時辰，窗外竹影斜移，室內香煙繚繞，靜得落針可聞。幾個弟子垂手恭立，猜不透師傅今日爲何茶飯不吃，如此潛心。

忽然，老僧將手中算籌一拍，說道：「今日當有弟子前來求見，已到山前，何人下去爲他領路？」一位小僧連忙應聲下山。過了一個時辰，老僧又將算籌一拍，說道：「今日當有異人而至，門前流水合該西流。」言猶未畢，山門外水聲嘩嘩，幾個弟子忙推窗而望，只見平日東流的溪水，忽折而返西，那水面上的落花飄葉也都漾漾蕩蕩地向西飄去，遇有高坎小坡處，都能順渠而上，像有什麼吸著一般。幾個僧人大驚失色，嘖嘖不止。這時僧房門開，只見小僧背後跟進一個二十四、五歲的青年，一雙芒鞋，風塵僕僕。一件袈裟，斜披肩上，一看就是遠遊而來。

老僧微微啓目，見這人氣色沉靜，猶如松間明月，謙恭有志，又如新竹之有節，果可深造；不覺笑上眉梢。這年輕人見老僧看他，忙雙手合掌道：「小僧有禮，弟子拜見師傅。」

老僧忙離座下地用手扶住，說：「前幾日我就算出你要來求我演算法，今日在此坐等多時了。我不久當西去，這麼多算書、演算法正愁無人可傳，今日你來眞是天作之合。」說著便取過桌上酒壺，旁邊早有人遞上空杯，那年輕人連忙擺手推辭。老僧說：「我們佛家向來不食酒肉，但我這酒，非一般水酒，每逢收徒都要贈送一杯。」那青年雙手接杯，一飲而盡，頓覺四體輕快，耳聰目明，心裡愈加沉靜如水，好似道行又長了一寸，便連忙合掌再謝老僧。

這位年輕人是誰呢？原來他姓張名遂，法名一行（西元六八三年至七二七年），從小好學，尤愛天文曆算，只因權貴所逼，在河南嵩山的嵩嶽寺裡出家爲僧。那嵩嶽寺也是有名的寺院，武則天當皇帝時曾把這寺定爲她的行宮，裡面有不少高僧和藏書。張遂在這寺裡住了幾年，通讀藏書；研習數學，但很快他又不滿足於現有的學習條件。聽說浙江天臺山有一位高僧，便千里迢迢來這裡請教。

再說這位老僧見張遂眉清目秀十分聰慧，心裡也很喜歡，使領著他打開一間間僧房，去看那滿牆滿架的藏書，全是些《周髀算經》、《九章算術》、《海島算經》、《孫子算經》、《夏侯陽算經》、《張正建算經》、《綴術》、《緝古算經》、《五曹算經》、《五經算術》之類的珍籍。還有一些從印度傳入的算書、演算法，牆上畫的也盡是些勾股圖、割圓圖、縱橫圖，把個張遂喜得開一間房念一聲阿彌陀佛。從此他便在這裡住下，遍讀藏書，面請機宜，直到西元七一〇年，才又回到嵩嶽寺裡。這是張遂一生最重要的階段，至於他學到了什麼天機，史書無載，作者也就無從披露。

再說張遂出家為僧的這些年月，卻是社會上鬥爭極其激烈的時期。西元七〇四年武則天病死，中宗李顯即位。七一〇年李顯又被毒死，睿宗李旦即位。到了第三年，李旦自覺無能，便將皇位讓給兒子玄宗李隆基。這李隆基倒是個有為君主，他二十七歲即位，年富力強，有志於改革。開元元年（西元七一三年）他連連下求賢詔書，徵召有才之人，七一七年又特意遍訪有才的功臣弟子。張遂的祖上曾對朝廷有功，因此被徵調回京。玄宗對他極為尊重，常請教一些科學方面的問題，張遂因此竭盡全力，改革曆法，製造天文、計時儀器。到開元十二年（西元七二四年），他又領導了全國大規模的天文測量。各測量隊在北起今河北蔚縣，南到今越南河內、順化的漫長的路線上觀察日影、星辰的變化，測得的資料全都及時送回長安，由張遂彙總計算。

這天夜靜時分，張遂又登上長安城裡的天文臺仰觀星空。浮雲似水，繁星如麻。他一一辨認看星座，計算著它們的位置、亮度。突然背後有人說道：「夜已很深，法師還未休息啊。」

張遂轉身，見一中年漢子，長袍便服，正拱手施禮。他借著月光細看，忙道：「南宮先生，原來是你，何時返京？」

「我今日下午回到長安，知你定在這裡觀星，便來找你。有一件事擾得我坐臥不安，所以匆匆來見。」

原來這人叫南宮說，是張遂派到河南陽城的天文測量隊的隊長，也是他組織這次全國大測量的主要助手。測量工作有一項主要內容就是量出各地不同的「北極高度」。因爲地球是個圓形，各地地平線對北極星仰角不同，這仰角叫做北極高度，肉眼看到的北極星的高度也就不同。

但是怎樣測算這個角度呢？南宮說在野外作業中碰到了這個問題，很覺爲難，因此特來向張遂請教。張遂聽完來意，便說：「貧僧看到各隊送回的星表、資料，這幾日也在思慮這件事。我這裡有一把尺子或可試用。」說著從懷中取出一把直角拐尺，角間有一弧形刻度，角頂有絲線，繫一銅錘。張遂整了整袈裟，仰面找見北極星。只見他將拐尺舉起，長邊對準眼睛，同時指向北極星；銅錘綴線，自然下垂，他用手指指著垂線與短邊的夾角，讀出弧上的度數，說：「這就是地平線與北極的夾角，也就是北極的高度，你可拿去試測。」

南宮說一時還想不出，這個簡單的拐尺如何能連測帶算，一下就解決了一個複雜的難題。便道：「敢問師傅，這件寶器可是當年天臺寺裡所傳？」

張遂哈哈一笑說：「南宮先生想到哪裡去了？你我研究天文，推算曆法，三、四年來哪件儀器不是靠自己動手，何來神助。快拿去使用，還望在測試中不斷改進呢。」

張遂的尺子叫「復矩」，不但能測出北極高度，而且這個度數同時也就是地球北半球的緯度。這是因爲地球是個圓形，一條子午線穿過南北兩極，當我們站在北極時，北極星正在頭頂，與地平線垂直成九十度。如果站在赤道時，若北極星與地平線幾乎重合，成零度。沿著子午線走，北極星的高度也就逐漸變化。這尺子到底是怎樣造出來的，無從可考，但這實在是一個了不起的創造，今日凡學過平面幾何的人都可以試著去驗試一番。

張遂一行和尚，用復矩測出了緯度，更重要的是有了緯度就可以去計量一度子午線的長短，可以計算整個子午線的長短。當時他算出每度弧長一百三十二點零三公里，雖與現在測得的一百一十一點二公里相比還不甚精確，但這在世界上確是第一次實測子午線每度的弧長。前面第三回我們曾講過阿基米德和埃拉托斯特尼測量地周，但那還是一種推算，並不是實測子午線。在張遂之後九十年，到西元八一四年，阿拉伯人才在幼發拉底河平原上進行了一次子午線的測量。

再說張遂發明復矩，領導了大規模的天文測量，在掌握大量資料的基礎上，又研究了日月蝕，節氣令，編製了《大衍曆》，傾滿腹學問，一身精力全貢獻給天文事業。開元十五年（西元七二七年）十月，唐玄宗要到洛陽出巡，照例把張遂帶在身邊。這時他已積勞成疾，勉強隨著那大隊車馬，昏昏沉沉地出了東門，到了新豐（今陝西臨潼縣東北），便不省人事了。玄宗聞訊，急忙趕到帳前探視，只見張遂半睜法眼，細聲說道：「貧僧一生觀星尚不能窮其究竟，今當升天，再去究其細微。願陛下早早頒行新曆，以利民生。」說完溘然長逝，時年四十四歲。玄宗君臣自是一番痛哭。張遂所言升天之事，後來亦有應驗，那就是西元一九七七年七月，中國科學院紫金山天文臺把新發現且被國際上承認的四顆小行星賦予了中國古代科學家的名字，其中之一就有一行和尚，其他三個是張衡、祖沖之、郭守敬。這是後話，留後再表。

正是：

佛門靜靜好養心，擺脫煩惱做學問。參破禪機悟天機，化做碧空一顆星。

第十二回　黑漆漆長夜待明幾點寒星　怯生生新說初出一位巨人

——日心說的創立

前幾回說的是中國，這回我們再說歐洲。

正如前面所述，那歐洲在古代沿著地中海岸確曾出現過一個燦爛的文明時代，出現過像阿基米德那樣的偉大科學家。以後隨著羅馬帝國統治的確立，連年征戰，亞歷山大等文化名城被毀，殘酷的奴隸制不但在肉體上對奴隸進行折磨，在思想上也實行可怕的專制。奴隸和平民處在水深火熱中而不能自救，於是就出現了一個救世主基督，到一世紀時漸漸形成了一個群眾性的宗教——基督教。這基督教開始也是受到羅馬統治者的鎮壓，後來，羅馬當局發現可以利用這種東西來穩定人民，鞏固統治，便在三一三年承認了傳教的自由，到三九二年乾脆全部拿了過去，進一步定爲國教。後來隨著封建制度的發展，這基督教竟遍佈歐洲，並控制了哲學、法學、政治，至高無上，影響一切。

在西元二世紀中葉，亞歷山大有一個叫托勒密◎1的天文學家，他總結了古希臘的科學成就寫了一部十三卷的《天文集》，提出宇宙是以地球爲中心的概念，這就是天文學史上的「地心說」。本來基督教就認爲上帝創造了人，並把人放在宇宙的中心——地球上。宇宙中的一切，包括日、月、星辰，那都是上帝專爲人創造的。托勒密的「地心說」對基督教來說如獲至寶，以爲又找到了一個科學理論根據，把它捧爲最高信條。其他一切均視爲是異端邪說，敢宣傳者都要

註解

◎1. 托勒密（西元100年～170年）：英文名為Ptolemy。

被關、被燒、被殺。從此，歐洲便再無科學可言，進入了一個漫長的中世紀的長夜。到處是尖頂刺天的教堂，到處是黑衣長服的神父，到處是陰森怖人的宗教裁判所，人們終日在血汗中掙扎，在眼淚中祈禱。長夜難明，路遙漫漫。從托勒密算起大約又過了一千一百多年，人們漸漸不能忍耐這種像悶在罐頭盒子裡一樣的生活，於是有幾個先知先覺的知識份子便首先發出一聲兩聲的呼喊，試著進行一次兩次的反抗。

西元一二九二年，在巴黎基督教會的一座塔裡，囚禁著一位七十二歲的老人，名叫羅傑·培根◎2。他這已是第二次坐牢了，第一次十年，這次又坐夠了十四個年頭。此刻他倚看鐵窗，看著外面蔚藍的天空，心裡說不出是什麼滋味。後悔嗎？不，想出去嗎？也不一定。他知道外面和這牢房裡一樣，也沒有什麼自由。現在這個世界上是不許可聰明人活著的。人人只能當傻子，當愚人，因爲一切都由上帝安排好了，一切都寫在聖經上，你要提問題嗎？就是找死。

培根本是一個英國人，十九歲時在牛津大學畢業，後到巴黎研究神學，得了神學博士，可是這期間他接觸了阿拉伯的異說。一二五〇年他回國後，在牛津大學講壇上便大講起科學。比如那天上的虹，聖經上說是天主與大地立約的標記，他卻說是雨水反映的陽光。法蘭西斯教派不能容忍他這個叛徒，便把他召回巴黎，監禁了十年。後來多虧他的一個英國朋友升任羅馬教皇，釋放了他，並讓他寫一本科學總集。這是集阿基米德之後的科學大成的著作。他並不敢徹底懷疑上帝，他只是說，爲了更好地理解造物者的合理性，只有對一切進行實驗。他第一次提出光是由七色組成，並弄清了望遠鏡、顯微鏡的原理。他勇敢地指出大地是個圓球。他提出數學是一切學術的基礎。但是由於路途遙遠，當他派人把寫成的那本書送到羅馬時，他那當教皇的朋友已經死去。新教皇對他的「邪說」更爲惱火，於是他又被押回了這座高塔。本來按教規，他是要被活活燒死的，好險最後還算寬大，他被判處永遠監禁，不能看書、實驗和寫字，就這樣坐著、站著或躺著。他的身體已被折磨得和一具乾枯的屍體差不多了。遙夜沉沉，培根依窗而望那顆泛著寒光的啓明星（金星），自覺生命已到了最後的盡頭，怕是看不到日出了。他朦朧朦朧地入睡了，從此再沒有醒來。

培根死後，他的著作也全被搜集燒毀。他的那部送到羅馬的巨著手稿雖沒有焚燒，可也無人問津，一直被埋沒了四百五十年，直到一七七三年才被重新發現。培根，還有他同時代的反神學的哲學家阿威羅伊◎3，及稍後一點作環球探險的哥倫布◎4，義大利偉大詩人但丁◎5，如同劃破夜空的幾顆寒星，把那黑暗的中世紀撕開了一個裂縫……

中世紀的那些偉人們大概都要在古堡裡受一點煎熬的。羅傑．培根死後又過了兩百五十一年，在波蘭一個山區小鎮弗龍堡的城牆角上，也有那麼一座小塔樓。樓外平臺上裝有四分儀、三角儀、等高儀等。這是一座自裝的天文觀測台。樓裡住著一位七十歲的老人，他鬚髮皆白，穿一件長長的黑袍，正在房中來回踱著，他叫哥白尼◎6。這時他正在發脾氣：「眞是無知，眞是些可憐的奴才。他們已被托勒密和那些教皇愚弄了一千多年，卻還有臉來嘲笑別人。」

原來哥白尼自從一五○二年在羅馬留學後，便對托勒密的「地心說」提出懷疑，從而生成了「日心說」的假設。他和培根一樣，學的是神學，最後卻倒向了科學。讀者有所不知，那個年

註解

◎ 2. 羅傑．培根（約西元 1220 年～ 1292 年）：Roger Bacon。

◎ 3. 阿威羅伊（西元 1126 年～ 1198 年）：拉丁文為 Averroès。

◎ 4. 哥倫布（西元 1450 年～ 1506 年）：Cristóbal Colón。

◎ 5. 但丁（西元 1265 年～ 1321 年）：Dante Alighieri。

◎ 6. 哥白尼（西元 1473 年～ 1543 年）：Nicolas Copernicus。

代，青年人的出路只有兩條，或者進神學院，或者當兵。這哥白尼在神學院學到一點文化後自己開始了觀察和計算。他弄清了七大行星都在按各自的軌道圍繞著太陽旋轉，他房間的牆壁上就掛著那幅大示意圖。這當然惹惱了教會中那些頑固份子。他們說哥白尼是瘋子，還編了諷刺劇，在外面正在大吵大嚷地上演呢。難怪老人這般氣憤。

這時候，正在牆角伏案計算的一個年輕人忽地翻身站起說：「老師，他們這樣猖狂，我們就該公開回答。我眞不明白，你的日心說思想從生成到現在也有三十六年了，就是《天體運行》一書，寫好也有九年了，爲什麼不發表出去？」老人剛才滿臉怒氣，突然又轉成一臉憂鬱，說：「孩子，你不知道，現在因循守舊的勢力這樣強，我們的學說稍不完備，就會被完全扼殺啊！」

「我相信，就是現在沒人理解，後人也自有公論。老師，你已年近七十，再不發表，就看不到自己的書了啊！」

「是的，我是快升天的人了，宗教裁判所的火刑對我已無能爲力了，可是孩子你呢？書一發表，他們會加害於你的。」

「我死也不悔。我從德國老遠跑來就是因爲你這偉大學說的感召。老師，朋友們都在勸你，快發表吧，這裡不能印，我可以帶到德國去。」這個人叫瑞提克斯◎7，是在德國威騰堡大學教書的年輕數學家。哥白尼氣憤地關上窗戶，轉身坐下來，喘著氣，心情憂鬱地說：「孩子，我給你講一個故事。你知道上個世紀西班牙卡斯提亞有個叫阿方索的國王嗎？他感到托勒密的體系太複雜，只說了一句：『上帝創造世界時要是徵求我的意見，天上的秩序可能比現在安排得更好些。』只這一句話，連王位也丟了。多麼黑暗的長夜呀，到現在天還沒有亮。」

哥白尼又站起來，顫巍巍地走到壁櫥前，拿出那本發黃的手稿，在序言中又加上了一句：「我知道，某些人聽到我提出的地球運動的觀念之後，就會大叫大嚷，當即把我轟下臺來！」然後他將書捧給瑞提克斯：「孩子，一切出版事宜全託你去辦吧。」

有這麼一首詞表明這哥白尼爲了新書不敢發表的矛盾心情：

天將曉，有人醒來早。打點行裝赴征程，冰霜重，風如刀，門開又關牢。

天將曉，進退費心焦。重任催人心難寧，頂風霜，踏路遙，怯怯復躍躍。

這瑞提克斯追隨哥白尼多年就是要讓這本書儘快問世，今天老師一發話，他不敢怠慢，連忙收拾行袋懷抱書物，到德國去了。一年後這本名爲《天體運行論》的書終於出版。別看哥白尼那樣怯生生地拿出這本書來，它卻意義極大，成了一塊里程碑而標誌著世界近代科學的開始。

後來德國哲學家恩格斯對此曾說：「他用這本書（雖然是膽怯地而且可以說是只在臨終時）來教會影響下的自然事物方面挑戰。從此，自然科學便開始從神學中解放出來……。」

這是後話。再說這書自印刷完成後便在歐洲不脛而走，早有教會密探將書送到羅馬。那主教將書從頭至尾慌忙地翻了一遍，早氣得臉色白過去再也泛不起紅來，又是拍桌又是跺腳地大喊：「反了，反了，連上帝也要搬家了，這還了得，還不快派人將這個哥白尼抓來！」

欲知哥白尼性命如何，且聽下回分解。

註解

◎ 7. 瑞提克斯（約西元 1514 年～ 1574 年）：Georg Joachim Rheticus。

第十三回　砸碎天球探尋無窮宇宙　以身燃火照亮後人道路
——一位科學家的殉難

上回說到哥白尼雖然是怯生生地拿出自己的日心說，但是羅馬主教一見此書就暴跳如雷，並派人遠去抓他前來治罪。當羅馬宗教法庭的人到達波蘭時，另有幾個人也急匆匆地趕向弗龍堡小鎮，那時瑞提克斯等人正在將新印出的書給哥白尼送來。五月二十四日這天，書剛送到，哥白尼雙目已經失明，他躺在床上用手摸了一下散著油墨香的新書，說了一句：「我總算在臨終時推動了地球。」便與世長辭了。教會的爪牙們餘恨未消地罵了聲：「便宜了這個老兒。」也就回羅馬覆命去了。其實哥白尼遲遲不願發表自己的著作除怕受教會制裁外，還有一個原因，就是怕他這大膽的思想不被人理解，傳不下去，自生自滅。但是，科學自有後來人，就在他逝世五年後，出現了一位更勇敢、更徹底的繼承者——布魯諾◎1。

這布魯諾好像是一個天生的叛徒。他出生在義大利拿波里一個貴族家庭裡，十五歲被送到修道院，二十五歲當上牧師。但是由於「冒犯」罪，他三年後逃往羅馬，接著便流亡瑞士、法國、英國、德國。自從他在巴黎讀到哥白尼的《天體運行》一書後便走遍歐洲，到處發表演說，熱烈支持這一新學說。羅馬的主教們恨得他牙根發癢，四處派暗探跟蹤他，通知各地教會逮捕他。他流亡、他坐牢，但意志更堅，學識更廣。一五九二年，他應朋友之約到威尼斯講學，但萬沒有想到，這個朋友早被教會收買，於是他被誘捕了，並且被送到羅馬。

哥白尼所擔心的災難終於降臨到布魯諾的頭上。在陰森的宗教法庭上，紅衣大主教羅伯特·貝拉明主持對布魯諾的審判（多年後他還審判了伽利略）◎2。空蕩蕩的教堂，一張長桌子，幾支殘燭。羅伯特和幾個陪審隱在桌後，幾乎看不清他們的身形。燭光中那幾隻藍綠的眼睛，令人想起半夜裡在田野上遇見的惡狼。

「布魯諾，你還堅持地球在動嗎？」羅伯特的聲調陰沉、得意。他高興這個教會的叛徒今天終於落入自己的掌中。

「在動，地球在動，它不過是繞著太陽的一丸石子。」

「你要知道，如果還抱著哥白尼的觀點不放，等待你的將是火刑！」

「我知道，你們當初沒有來得及處死哥白尼，是還沒有發現他的厲害。其實他還是對你們太客氣了。他說宇宙是恆星繞太陽組成的天球；我卻還要將這個天球砸爛，那宇宙其實是無邊無岸。他說地球不是宇宙的中心，卻還是爲你們留下了一個中心——太陽。我說宇宙無邊無際，就根本沒有任何中心可言。你們說上帝在地球上創造了人，其實別的星球上也有人存在。宇宙是無限的，上帝是管不了它的！」

「住嘴！照你的邪說，上帝在什麼地方，基督在哪裡拯救的人類……」

「對不起，宇宙中可能沒有給上帝安排地方。」

「立即把他燒死！」羅伯特狂怒起來。

法庭上一陣騷動。布魯諾被人拉了下去。他並沒有立即被燒死，而是被推入黑暗的地牢。

註解

◎1. 布魯諾（西元1548年～1600年）：Giordano Bruno。

◎2. 羅伯特·貝拉明（西元1542年～1621年）：Robert Bellarmine，事實上，伽利略被羅馬教廷審判時（西元1633年），貝拉明已經過世。。

他們不給他看書，不給他紙筆，讓他睡冰冷的石板，吃混著鼠糞的米，隔幾天就要提出來審訊一次。說是審訊，其實是組織許多教會學者來和他辯論。他們還存著一線希望，希望靠人多勢眾辯倒這個叛逆的天文學家，希望靠牢獄的折磨來使他投降，借他的口去推翻日心說。但是每次審訊，他們都被布魯諾駁得啞口無言。這個曾轉戰歐洲各國，橫掃教會勢力的偉大的科學家，筆雖被人奪去，舌卻還在。他那鋒利的言詞，精深的哲理，常使那些上帝的奴僕脊背上滲出冷汗。這樣過了很長時間，在一次辯論結束時，羅伯特絕望地喊道：「布魯諾，自從我把你請到羅馬，也已經八年了，你只最後說一句，你是放棄哥白尼的學說，還是向火刑柱走去？」

布魯諾仰起頭輕蔑地看了他一眼：「我告訴你，從被你們抓來那一天起，我就時刻準備著受刑。我知道教廷的黑暗使許多人不辨南北西東。宇宙的深奧也使人不敢去作進一步的探尋。我希望你們到大庭廣眾中去把我點燃，這是我最大的快樂，因爲我可以以自身燃起的光去照亮後來者的路，以我燃燒的熱，去激起那些已在思考，但還缺乏勇氣的人們的熱情……」

羅伯特用發抖的手揪著胸前的十字架，喊著：「快把他押下去！」

布魯諾走下法庭前又轉過身來大聲說道：「我看見了，你們在宣判時比我更害怕！」這聲音嗡嗡地在教堂裡迴響。主教們趕忙擦著汗，夾起文件匆匆散去。

這天晚上，布魯諾從睡夢中驚醒，只見鐵門上的粗鏈匡一聲落了下來，門洞裡走進兩個舉著蠟燭的教士：「布魯諾先生，主教大人有請！」他知道又要審訊了，便不慌不忙地披衣起身，跟著走出門去。

他剛走出城門，牆牆前忽地閃出兩個大漢，撲通一聲將他壓倒在地。其中一個人抽出一把寒氣逼人的小刀伸到他的嘴裡，一轉手腕將舌頭割了下來。他只覺得一陣暈眩。當他醒來時，才知道是被人架著正朝著市中心的百花廣場走去。

街上靜悄悄的。正是殘冬季節，寒風呼嘯著，捲起路邊的枯枝敗葉，拍打著人家的門窗。那些正在夢裡雲遊天堂的可憐的羅馬市民，他們哪裡知道，爲他們爭取思想解放的先哲，此刻嘴邊、胸前滿是冷凝了的血塊，正一步一步邁向刑場。廣場的中央已經堆起一堆乾柴，柴堆上是一個高高的十字架柱子，旁邊站著一個主教、教士，爲首的就是那個臉上總是陰霾不散的羅伯特。他手裡舉著一個小十字架，嘴角抽動了幾下，不知對天祈禱了幾句什麼，便轉身說：「布魯諾，由於你對邪說的堅持和傳播，上帝不能饒恕你的罪行，今天我就處以你一種最仁慈的不流血的刑罰。在這最後的時刻，不知你還想講點什麼？」

這個陰險卑鄙的傢伙，他知道在臨刑前布魯諾一定會向群眾演說，所以決定在半夜秘密處死。他還不放心，又暗中派人去將布魯諾的舌頭割掉，讓他最後連口號也不能喊一聲。現在卻假裝慈悲，明知故問。他看著布魯諾那憤怒的，但又說不出話的表情，得意地將十字架一舉：「點火！」

濃煙升起了，烈焰騰空，越燒越旺，映紅了廣場，映紅了周圍高大的樓房、教堂。布魯諾被綁在火中的柱子上。他仰望著天空，那裡有他的理想，他的思想。他爲此探尋了整個一生，爲此付出了全部代價。他想大喊幾聲，讓這教皇腳下的羅馬人從昏睡中醒來，但他說不出話。他這個慣以筆和舌奮戰的鬥士，先是被人奪去了筆，現在又被人奪去了舌，很快還要被奪去生命。他的目光從天上掃到人間，紅紅的火光已映紅了街道兩邊的窗戶。他突然發現每扇窗戶裡都擠著幾個人影。啊，不用我喊，這烈火發出的聲、光、熱已經喚醒了他們。他滿意了，這時火焰飛上高空，映紅了整個羅馬城。偉大的科學家、哲學家為眞理而殉難了。這一天是西元一六〇〇年二月十七日。

正是：

科學從來艱難多，多少汗水多少血，暗夜深處炸驚雷，知識叢中臥英烈。

火刑後教會仍然心有餘悸，又將他的骨灰收起，揚到臺伯河裡，好像這樣布魯諾的宇宙觀也就整個地被消滅了。

各位讀者，歷史常常是這樣驚人地相似。請大家回想一下我們這本書第七回裡講到的阿基米德的死。他們同是為科學獻身，又同是被羅馬人所殺，一個是被軍隊野蠻的劍，一個是被教會「仁慈」的火。但鮮血絕不會白流，阿基米德的死標誌著古代科學的結束，而布魯諾的死則標誌著黑暗的中世紀的崩潰和近代科學的復興。歷史在波浪式地前進。更加眾多的、偉大的科學巨人，正一個接一個地向我們走來。待我下面慢慢分解。

第十四回　幾聲犬吠絞架上死鬼失蹤　一豆青燈地窖內活人無聲

——第一部人體解剖書的出版

前兩回說到哥白尼、布魯諾向那茫茫宇宙探求眞知，終於創立了日心說和地動說。殊不知，像對天體無知一樣，人們對自己的身體也同樣無知；像對宇宙結構的解釋有一個權威托勒密一樣，對人體的解釋也有一個權威，這就是西元二世紀時的古羅馬醫學家蓋倫◎1。歐洲文藝復興一開始，科學家便組成兩支縱隊，一支是以哥白尼爲先鋒，向托勒密進攻的天文縱隊，另一支是以維薩留斯◎2爲先鋒的人體研究縱隊。事有湊巧，一五四三年，哥白尼出版了一本《天體運行論》，而維薩留斯也出版了一本《人體結構》。請各位讀者注意，一定要記住一五四三這個劃時代的重要年頭。就在這一年開始，這兩支近代科學史上的大軍便分兵誓師，開始了各自的進襲。

兵分兩路各表一支。先放下哥白尼、布魯諾不提，單表這個維薩留斯。

話說一五三六年時，比利時盧萬城外有一座專門處死犯人的絞刑架。白天行刑之後，晚上沒有人來認領的屍首便如葫蘆一樣吊在架上。只要有風一吹，那死人便輕輕地盪起鞦韆。四圍荒草野墳，鬼火閃閃，就是吃了豹子膽的人也不敢在夜間向這裡走近一步。這天剛處死了幾個盜賊。白日裡行刑時，那些兵士刀劍閃閃好不威風，圍觀的人群也熙熙攘攘，唯恐擠不到前面。可是絞繩往上一拉，死人的舌頭往外一伸，無論是兵是民，趕快譁然而散，一個個轉身飛跑，都怕死鬼附身。不一會兒日落月升，斗轉星移，轉眼就到了後半夜時分，一彎殘月如弓如鉤掛在天邊。這

註解

◎1. 蓋倫（西元 129 年～200 年）：Galen。

◎2. 維薩留斯（約西元 1514 年～1564 年）：Andreas Vesalius。

時風倒停了，城牆在月下顯出一個龐大的黑影，絞架上的屍體直條條的，像幾根冰棒一樣垂著。四周靜得彷彿萬物都凝固了，什麼都不存在了，只有無形的恐怖。突然城門洞下幾聲狗吠，城牆上蜷縮著的哨兵探身往外看，沒有什麼動靜，一切照舊，只是更加寂靜，不覺背上泛起一股冰涼，忙又縮到垛口下面去。這時絞架下的草叢裡突然竄出一個蒙面黑影，他三步兩步跳到架下，從腰間抽出一把鋼刀，只見月光下倏地一閃，絞索就被砍斷，一個屍體如在跳臺上垂直入水一般，直直地落下，栽在草叢裡。這人將刀往腰裡一插，上去抓住死人的兩臂一個「倒背口袋」，疾跑而去。這時城下的狗又叫起來，一聲，兩聲，頓時吠成一片。城上的哨兵猛地站起，大喝一聲「誰？」接著就聽巡邏的馬隊從城門衝了出來，追了上去。那人背著這樣一具沉沉屍體，順著城牆邊走上一條城外的小路，開始還慢跑快走，後來漸漸氣力不支，馬隊眼看著就要趕上來，只見他一斜身子，死人落地，接著飛起一刀斬下人頭，提在手裡飛也似地鑽進一片黑暗中，不知去向。

第二天，盧萬城門上貼出一張告示，嚴申舊法，盜屍者判死刑，並重金懸賞捉拿昨天那個盜屍不成居然偷去一顆人頭的人。一邊又在絞架旁布下暗哨，定要偵破這件奇案。城裡的老百姓更是飯後茶餘，街頭巷尾，處處都談論這件怪事。你說是犯人的家屬盜屍吧，不像，他怎忍心砍下頭呢？你說是一般盜賊吧，可那人頭怎能賣錢呢？

幾天之後，這事漸漸再無人議論。這天晚上有個士兵掛著刀，袖著手在離絞架不遠的地方放哨。說是準備抓人，倒像隨時怕被鬼抓去一樣，嚇得縮成一團。過好大一會兒才敢抬起頭來瞧一眼絞架上的死人。就這樣不知過了幾個時辰，當他再一次戰戰兢兢地回頭一望時，原來分明吊著兩具屍體，怎麼忽然有一具不翼而飛。再一轉身，看見城牆邊下像有一個人影。他急忙握緊刀柄，給自己壯壯膽，緊走兩步跟了上去，但是又不敢十分靠近，就這樣若即若離地跟著那個影子，繞過一棵大樹，順著小路跟進一所院子，只見前面的人下到一個地道裡去了。這兵想進去，又不知裡面的底細，猶豫了一會兒終於有了一個主意：我就守在這裡，到天亮你就是鬼我也不怕了。他這樣守了一個時辰，漸覺肚餓體冷，又禁不住心裡好奇，便想下去看看，弄清情況回去報告也好領賞。

這是一個不大的地道，邁下二十七個臺階，再走八十一步，右邊就是一個密室，門關著，縫裡洩出一線燈光。這士兵躡手躡腳摸到門前，先側耳靜聽，半天沒有一絲響聲，靜得像城外的絞架下一般，一種陰森森的感覺又爬過他的脊梁，隨即全身就是一層雞皮疙瘩，他用手按按胸膛，那心跳得咚咚的，倒像已跌到了手心裡，他顫抖著雙腿又挪了兩步，將眼睛對準門縫，往裡一瞧，不看猶可，一看舌頭伸出卻再也縮不回去。只見剛才跟蹤的那個人坐在死人堆裡，背靠牆邊，瞇著眼，他的右手捏著一把刀，左手摟著一根剛砍下的大腿，肉血淋淋。桌上擺的，不是人的頭骨就是手臂。

各位讀者，你道這人是誰，他就是維薩留斯。這時他還只是一個十八歲的學生，但他對學校裡傳授的人體知識很是懷疑。那時的醫學院全是學蓋倫的舊書，而這個蓋倫一生只是解剖豬、羊、狗，從未解剖過人體。既然沒有解剖過，那書又有何根據？維薩留斯年輕氣盛，決心冒險解剖來看個究竟。但是教義上說，人體是上帝最完善的設計，不必提問，更不許隨便去肢割。法律規定盜屍處以死刑。這種既犯教規又違法律的事必得極端保密才行，因此他就在自己院子的地窖裡設了這間密室，偷得死人，解剖研究。不想今天不慎，事情敗露。他聽見響動，推門出來，忙將那個已嚇昏的士兵扶起，灌了幾口涼水。那兵慢慢睜開雙眼，不知這裡是陽間還是地府，好半天舌頭根子才會轉動。維薩留斯拿出些錢來打發他快走。這兵一是得了錢，二是看看這個地方著實可怕，答應不向外說。維薩留斯知道這個地方也再待不下去，便趕忙收拾行裝到巴黎去了。

來到巴黎醫學院，維薩留斯便專攻解剖。這裡倒是有解剖課，但講課老師鞏特爾自己並不動手，只讓學生去死背蓋倫的教條。偶然遇有解剖時，便由一個理髮師來做。說來好笑，那時的理髮師和外科醫生是一個行當，就可知外科醫生的地位是很低下的，極受人輕視。但理髮師做解剖也只是有一點割肉刮骨的手藝，連個醫學術語也說不準。維薩留斯這麼一個矢志求知的人對這種玩笑似地教學法當然不滿，這樣學了兩年他實在不能忍受。

這天鞏特爾又帶了一個理髮師來上課，他將蓋倫的講義往桌上一放，連看也不看一眼便向學生背了起來。維薩留斯騰地一下站起來說：「我們實在不想聽了，你每天總是這一套，像烏鴉坐在高高的椅子上，呱呱地叫個不停，還自以爲了不起。」其他學生也都跟著哄了起來。鞏特爾只好帶著理髮師忿忿退席。

這學院裡還有一位叫西爾維◎3的老師，他教動物解剖，也發現了蓋倫的一些錯誤，但他卻不敢說出。一天維薩留斯拿著自己解剖的一個標本去向老師求教，他說：「蓋倫講人腿的骨頭是彎的，我們每天直立行走怎麼會是彎的呢？你看這解剖出來也是直的啊！」

這位先生支吾了半天，囁嚅著說：「恐怕蓋倫還是沒有錯，現在的人腿直，只不過是因爲後來穿窄褲管之故。」

維薩留斯聽完眞是哭笑不得。標本就在手中，事實就在眼前，怎麼就是不肯說眞話呢？

正是：

道理歸道理，事實歸事實，舊理動不得，事實請委曲。

這巴黎醫學院也是當時歐洲有名的學府，卻還這樣荒唐，維薩留斯實在看著學不到東西，便憤然而去。

一五三七年末，他被當時歐洲的醫學中心，義大利的帕多亞大學醫學部聘請爲教師，專門講授解剖。這裡條件稍好一些，他把自己多年辛苦積累起來的資料悉心鑽研整理。開始寫一本關於人體構造的書。

一五四三年這本名爲《人體結構》的書終於出版。書中破天荒第一次將人的骨肉、內臟準確地表示了出來。更讓人驚奇的是，除文字外還有三百張精緻的木刻插圖，有三張全身骨骼圖，四十四張肌肉圖。這些圖和現在的解剖圖不同，竟還有一點感情色彩，例如那全身骨骼圖竟是一個農夫的形象，站在那美麗的田園背景之中，帶著勞動後的疲倦，七分沉思，三分悲哀。這明顯地帶有文藝復興時期達文西◎4藝術與科學相統一的傳統。這維薩留斯從盜屍割頭到出走巴黎，轉到帕多亞，多年的辛苦總算沒有白費。他在這本書中竟指出了蓋倫的兩百多處錯誤。他上解剖

註解

◎3. 西爾維（西元 1478 年～ 1555 年）：Jacobus Sylvius。

◎4. 達文西（西元 1452 年～ 1519 年）：Leonardo da Vinci。

課，現場操作，仔細講解，指責舊醫學的陳腐毫不留情。

一次講課中，他將蓋倫的文獻隨手一揚，像撒傳單一樣拋向空中，說：「這全是一堆廢紙，我們還學它何用？」他又指著解剖標本說：「眞正的知識在這裡。我們不應該只靠書本，要學會靠自己的眼睛去觀察，要用自己的手親自去摸一摸，這才是眞知呀！」

維薩留斯這樣大膽地著書講學倒是痛快，但是教會哪能容得下他這個狂人。他們先是鼓動輿論對他諷刺攻擊，不久乾脆宣判了他的死刑。這位才可補天的勇士、學者，眞是有力無處使，有怨無處說。

這天維薩密斯知道了教會要迫害他的消息，便夾著《人體結構》走來上課。他站到講臺前，淚眼掃了一下這些年輕人。他們許多人正是自己當年盜屍求知的年齡，許多人是慕他之名而來學習的，不覺那淚珠兒在眼眶裡滾動。學生見敬愛的老師半天無語，不知出了何事。這時維薩留斯走到壁爐前點起一團火苗，然後將書抖開，一下燃成一團大火。學生們這才知道老師今天要燒自己的著作，急忙上去搶。維薩留斯卻以目制止，說了一句：「我永遠不能爲你們上課了！」那一滴眼淚終於跌落在桌子上，摔成八瓣。

要知維薩留斯命運如何，且聽下回分解。

第十五回　說真話又一偉人被燒死　擺事實生理科學終問世

——血液循環的發現

上回說到維薩留斯出版《人體結構》一書後，教會判他死刑，並通緝追捕。維薩留斯抱著自己一生冒死寫成的著作在課堂上當眾付之一炬，與學生們灑淚而別。從此他就離開義大利，遁入茫茫塵世，至老而不知所終。◎1

但是在研究人體的這班人馬中，除維薩留斯外還有一位塞爾維特◎2也是一個敢於叛逆的怪人。他本生長在西班牙，因寫了反神學的文章而被流放到國外，便在巴黎研究醫學。蓋倫的經典醫學書上說，人身上的血是由肝臟製造的，然後流到全身，由各處吸收，不再返回。而塞爾維特經過解剖和觀察發現血液是從左心室通過肺動脈進入肺部，在肺血管中靠呼吸來的氧而改造成紅色，進入肺靜脈，再返回心臟，這便是肺循環，即小循環。

這是一大發現，可在當時卻遭到一場大禍。當時人的習慣是，經典上說甚麼就是甚麼，只須看書，不必觀察實驗。特別對於人體，這是上帝所創造，只有權威者才能解釋，怎能輪到一般凡人來妄加議論。誰要提出不同意見，便是有違上帝，自然要處以極刑。布魯諾就是一例。塞爾維特也是個寧折不彎，不肯說一句假話的人。

一次，他居然將蓋倫的著作拋到火裡說：「讓這些胡說八道去見上帝吧。」

這一下可不得了，教會來找他的麻煩，將他逮捕起來，要他當眾認罪。殊不知這塞爾維特

註解

◎1. 維薩留斯並未被教會判處死刑而逃亡，而是於1564年前往耶路撒冷朝聖，回程時發生船難而過世。

◎2. 塞爾維特（西元1509年～1553年）：Miguel Servet。

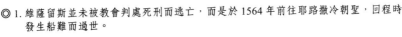

和布魯諾一樣也是個極有骨氣的人，寧死也不肯放棄自己的觀點。結果塞爾維特就在維薩留斯的《人體結構》出版十年之後，於一五五三年十月二十三日被教會用大火燒死了。其慘狀與前面寫過的布魯諾受難不相上下，筆者這裡實在不忍再述，只引述恩格斯書中一句話：「塞爾維特正要發現血液循環過程的時候，喀爾文便燒死了他，而且還活活地把他燒了兩個鐘頭。」◎3

正是：

為求真知不惜身，明知有虎虎山行，死亦不怕何懼火，真金一塊留後人。

正如革命事業一樣，科學事業也前仆後繼，自有後來人。在醫學研究上維薩留斯之後有個塞爾維特，塞爾維特之後又出了一位人物，這就是英國的哈維◎4。

這哈維十六歲入劍橋大學，後立志要學醫又到義大利的帕多亞大學求師，在這座二十年前維薩留斯曾講過學的大學獲得醫學博士學位，三十二歲便成了皇家醫學院的會員。他醫術高超，先後擔任了國王詹姆斯一世和查理一世的御醫。他研究醫學不但像維薩留斯、塞爾維特那樣重視觀察，還進一步對比實驗。這天哈維在一間大教室裡準備了一個講座，他事先宣佈將有驚人的發現公佈於世。

被邀請來聽講的有政界的頭面人物，有自己的一些好友，還有許多自動來看熱鬧的市民。這個講座卻也奇特，前面除黑板、粉筆之類的教學用物外，桌子還有幾籠子小動物。人們入座後靜悄悄地都想聽聽哈維到底有甚麼高論。誰知哈維往前一站並不說話，卻嗖地一下從鐵絲籠子裡提出一條數尺長的青花蛇來。前排的人大吃一驚，忙向後面躲閃。

哈維卻微笑著將蛇撫摸一下，平放桌上，撿起一把小刀，「嘶」地一下，拉開個一寸長的口子。這時他才開講：「我先來講一下心臟在人身上到底有甚麼用。我今天選擇蛇來演試，是因爲這類冷血動物心臟收縮間歇長，容易看清，而且心臟露出體外後還能繼續跳動一會兒。你們看，現在它一收縮就變白了，這說明血液被擠出心房，再一擴張時又紅了，這說明血又進了心房。心臟在人體內就是這樣一個小泵，一輩子不停地一收一縮，將血液在全身鼓蕩運行。」這時幾個膽大一點的人便眞的圍上去看這條心臟還在收縮的蛇。

哈維乘大家議論之時，便返身在黑板上寫下：一、心臟的功能。

接著，他又從另一隻籠子裡提出一隻兔子，他摸住一個地方說：「這是動脈，心臟收縮，血進入動脈，所以它就變粗。現在我們就來具體觀察一下。」話猶未了，他一刀切開那根動脈管，血就如箭一般地射出來，前排的人又是一驚，一陣騷動。

他又轉身在黑板上寫道：二、血在血管裡的流動……

下面坐著的不是些小姐少婦，就是達官貴人，還有那街上隨時擠進來的行人，他們何曾見過這種場面，聽過這種演講。只見哈維那雙血淋淋的手，一會操起寒光閃閃的尖刀，一會又拈起粉筆頭。有膽小的早嚇得不敢作聲，有的則悄悄罵這個劊子手醫生，有認眞研究問題的便站起來高聲說：「哈維先生，按照蓋倫的說法，血是從肝流到全身後又被吸收的，就算你說是從心臟流出的，又怎麼證明他不是被全身吸收掉了呢？」

哈維笑一笑說：「你問得很好，現在我們讓數學來幫醫學的忙吧。你看，這隻兔子的血已經

註解

◎ 3. 恩格斯提到的喀爾文即為當時宗教改革領袖約翰．喀爾文（John Calvin，西元 1509 年～ 1564 年），塞爾維特與喀爾文曾往來通信，後因對三位一體的觀點不同而反目成仇，後教會以喀爾文提供的信件證據審判塞爾維特，但實際上喀爾文並不贊同對塞爾維特處以火刑。

◎ 4. 哈維（西元 1578 年～ 1657 年）：William Harvey。

流完，共有這麼一小碗。如果是肉能吸收血的話，只這麼一小會兒怎麼能吸收這麼多呢？我測定過，人的心臟每跳動一次，可以擠出二英兩血，每分鐘跳七十二次，二十分鐘送出的血就相當於一個人的體重，如果這血不循環回去，身體裡那有這樣快的速度來不斷製造它呢？」

這時又有一人站起來發問：「哈維先生，你雖然解剖了八十多種動物，但人總是和動物不同，你又怎麼能證明人體的血液也是在循環著的呢？」

「請放心，我不會在這裡用刀解剖自己，可是我卻可以證明這個道理。」哈維一邊開著玩笑，一邊拾一根綳帶，在自己的肘下緊緊地紮了一圈，說：「請你們誰來摸摸，你看這動脈血管靠近心臟的一頭是鼓的，另一頭卻是癟的，靜脈血管又正好相反，這不正說明血是從心臟出來，在身上繞了一圈後又返回心臟嗎？」

這下教室裡突陷入一片沉靜，人們開始相信這個新奇的推論了。

哈維見再無人提問，又轉身寫道：三、血液的循環路線：大靜脈→心臟（右心室）→肺動脈→肺靜脈→心臟（左心室）→大動脈。

這次演講之後哈維名聲大震。可奇怪的是上門求醫的人反倒突然減少。後來才知道是因爲那天他那血淋淋的雙手著實嚇壞了不少人，這個文靜的醫生竟如此刀下無情。

也有人說他膽大妄爲，靠殺幾隻小動物，搜集一點證據就要來推翻聖人蓋倫，於是乾脆送他一個外號叫「循環醫生」，這個詞在拉丁文裡是走江湖賣藥的意思。哈維聽到這些倒並不以爲然，他哈哈一笑說：「正好，上門的人少點，我可以騰出手來去寫我的書。」

於是他便將十幾年辛苦積累的解剖資料分門別類，悉心推敲，專心著起書來，到一六二八年時，一本《心血運動論》終於問世。別看這本只有六十七頁的小冊子，卻是一座醫學史上的里程碑，它徹底推翻了蓋倫在醫學界統治了一千四百多年的理論。哈維也因此被恩格斯認爲是發現了血液循環而把生理學（人體生理學和動物生理學）確立爲科學的人。這年他正好五十歲。他已經估計到這本書會遭到傳統勢力的反對，所以在書中特別小心地寫了一段聲明：

關於血液流量和流動原因方面尚待解決的問題是如此新奇獨特，聞所未聞。我不僅害怕招致少數人的嫉恨，而且想到我將因此與全社會為敵，不免不寒而慄。匱乏和習俗已成人類的第二天性，加之過去確立的根深蒂固的理論，還有人們尊古師古的癖性，這些都嚴重地影響全社會。然而木已成舟，義無反顧，我信賴自己對真理的熱愛，以及文明人類所固有的坦率。

哈維的這本《心血運動論》出版後自然引起一場大轟動，朋友們紛紛祝賀，而蓋倫學派的守舊份子卻群起反攻，不過他們都拿不出什麼證據，哈維倒也不怎麼介意。

這天又有一位醫生捧著那本新印出的《心血運動論》上門求教。他一進門就將書「啪」地一聲摔在桌子上，拖長聲調說：「好一個新理論，沒有弄清事實就敢吹什麼發現了循環，眞是欺世盜名。」

「你怎麼知道我沒有事實，書中不是清清楚楚地記錄著解剖事實嗎？」哈維以爲這又是一個舊經典的衛道士殺上門來，也沒好氣地拍案而起。

「朋友，先不要著急。你說靜脈、動脈它們一頭通過心臟、肺臟來交換相通，那另一頭呢？」

「另一頭像大樹變成細樹枝一樣佈滿全身，然後相通。」哈維大聲回答。

「在身上靠什麼相通，請拿出證據。」

這一問不要緊，哈維一下跌坐在椅子上。看來此人眞是個行家。他的理論，所有的事實已經拿到九十九分，可是就差這一點他實在捕捉不到，所以到現在也只能算是一個假設，此人怎麼會抓得這麼準。他這想著，不覺心裡一慌，一時又答不出話來，臉上滲出了一層薄汗，就忙客氣地說：「請問貴客尊姓大名？」

來客見狀忍不住「噗哧」一聲笑出聲來，輕輕道出了自己的姓名。哈維一聽驚呼一聲，原來是你。

來人究竟是誰，且聽下回分解。

第十六回　匡當一聲千年聖人被推翻　寥寥數語滿座論敵皆無言

——自由落體定律的發現

上回說到哈維出版了《心血運動論》，發現了血液循環，名噪歐洲。突然有一不速之客登上門來，質問哈維靜脈、動脈相通有何解剖根據。這一問正中哈維的要害，他連忙恭敬地請教來人。讀者各位，你道來者是誰？他是義大利醫生馬爾皮基◎1，也是一個積極研究血液循環的人，當下兩人坐下切磋交流一番。◎2直到哈維死後又過了四年，就是這個馬爾皮基終於發現了動脈和靜脈之間是靠一種更細的血管相通，他將其命名為「微血管」。血液循環理論至此才大功告成。

讀者你想，在十六世紀近代科學興起之後，科學與教會的鬥爭是何等地你死我活，如火如荼。雙方在長長的戰線上，這裡戰鼓如雷，那邊殺聲震天。這裡我先按下生理科學這頭不提，再說說天文和物理那路大軍。

話說一六〇〇年二月十七日，羅馬宗教裁判所咬牙切齒地將布魯諾燒死在鮮花廣場之後，正慶幸他們制服異端的勝利，卻不知，這時在義大利的比薩城裡，一個比布魯諾更可怕的叛徒已經成長起來，他便是近代物理學的鼻祖伽利略◎3。

原來，在伽利略之前，一切科學、哲學問題，全部包括在亞里斯多德的學說裡。亞里斯多德可是一位古聖人，他的思想被奉為金科玉律。當時，要是有學生提出一個問題，老師只消一

註解

◎1. 馬爾皮基（西元 1628 年 ~ 1694 年）：Marcello Malpighi。

◎2. 歷史上馬爾皮基並未拜訪過哈維，《心血運動論》出版於 1628 年，馬爾皮基此時才剛出生。

◎3. 伽利略（西元 1564 年 ~ 1642 年）：Galileo Galilei。

句話：「這是亞里斯多德說的」，問者便不敢再生懷疑。而伽利略卻與眾不同，凡事，不但喜歡多想一想，還要去試一試。他的父親是一位數學家和音樂家，因家境貧寒，不讓他再學不能賺錢的音樂和數學，而送他到比薩大學去學醫。可是，他學醫不用功，卻對數學、物理格外有心。二十一歲那年，父親見他這樣不聽話，一生氣，再不給他學費，他只好退學。但是，四年之後，因他在數學、物理方面自學的成就，伽利略被母校聘請回去任數學教授。他一登上大學講臺，可不是像其他人那樣照宣亞里斯多德的教條，而是大力提倡觀察和實驗。

這在當時的學者看來，簡直是一個不知天高地厚的瘋子。一五九〇年，二十七歲的伽利略，對亞里斯多德的一個經典理論提出懷疑。亞氏說，如果把兩件東西從空中扔下，必定是重的先落地，輕的後落地。伽利略卻認爲是同時落地。這自然沒有人相信他的，於是他決心搞一次實驗，讓人們親自看看。

說也奇怪，這比薩城裡有一座斜塔，拔地之後，卻向一邊斜去。這塔建於一一七四年，開始還是直的，但建到三層時開始偏斜，只好停工。過了九十四年後人們終不死心，又繼續施工。最後共修了八層，高五十四點五公尺，重一萬四千二百多噸。沒想到這個偶然的施工錯誤，倒造成了世界上獨一無二的名勝。說起義大利的斜塔，誰人不知，何人不曉。

再說這天，年輕的伽利略宣佈要進行一次試驗，一班教授大爲不滿，便一起到校長面前告他的狀。校長轉念一想，讓他當眾出一次醜，也好殺殺他的傲氣。這時，早有一班喜歡新奇的學生，將他們的老師伽利略擁到塔下。一會，伽利略便爬上斜塔七層的陽台。塔下已是人頭湧動，比薩大學的校長、教授、學生，還有許多看熱鬧的市民，將斜塔圍了個水泄不通。就在這時，也還是沒有一個人相信伽利略會是對的。

人們正在疑惑，只見伽利略將身子從陽臺上探出，左右雙手各拿一個鐵球，一個比另一個要重十倍。當他兩手同時撤開時，只見這兩只球從空中落下，齊頭並進，眨眼之間，匡當一聲，同時落地。塔下的人，一下子都懵了。先是寂靜了片刻，接著便嗡嗡地嚷作一團。這時，伽利略從塔上走下來，校長和幾個老教授立即將他圍住說：「你一定是施了什麼魔術，讓兩個球同時落地。亞里斯多德是絕對不會錯的。」

伽利略說：「如若不信，我還可以上去重做一遍，這回你們可要注意看看。」

校長說：「不必做了，亞里斯多德全是靠道理服人的。重東西當然比輕東西落得快，這是公認的道理。就算你的實驗是眞的，但它不符合道理，也是不能承認的。」

伽利略說：「好吧，既然你們不相信事實，一定要講道理，我也可以來講一講。就算重物下落比輕物快吧，我現在把兩個球綁在一起，從空中扔下，按照亞里斯多德的道理，你們說說看，它落下時比重球快呢？還是比重球慢？」

校長不屑一答地說道：「當然比重球要快！因爲它是重球加輕球，自然更重了。」

這時一個老教授忙將校長的衣袖扯了一下，擠上前來說：「當然比重球要慢。它是重球加輕球，輕球拉著它，所以下落速度應是兩球的平均值，介乎重球和輕球之間。」

伽利略這時才不慌不忙地說道：「可是世上只有一個亞里斯多德啊，按照他的理論，怎麼會得出兩個不同的結果呢？」

校長和教授們面面相覷，半天說不出話來。一會兒才突然省悟到，他們本是一起來對付伽利略的，怎麼能在伽利略面前互相對立起來呢？校長的臉一下紅到脖根，氣急敗壞地喊道：「你這是強辯，放肆！」這時圍觀的學生轟地一聲大笑起來。

伽利略還是不動火，慢條斯理地說：「看來還是亞里斯多德錯了！物體從空中自由落下時不管輕重，都是同時落地，就是說物體無論輕重，它們的加速度是相同的。」

正是：

物體從空自由下，輕重沒有快慢差。你我一個加速度，共同享受九點八。

別看伽利略慢慢說出這句話來，這卻是物理學上一條極重要的定律：自由落體定律。它導致了以後一系列重大的科學發現。請大家記住，這年是一五九〇年。◎4

再說當時校長和那一群教授聽了伽利略的這幾句話，半天竟無人能再想出一句反駁的話來，試驗可以不信，理又講不過這個年輕人，眼看著他們所崇拜的千古聖人亞里斯多德，就這樣，被這個初生牛犢，輕易地推翻了。那一群青年學生，看見自己的老師得勝，哄笑著將伽利略擁載而去。校長和那班教授，在塔下氣得又瞪眼又跺腳，咬著牙，狠狠地說：「等著，看你能高興多久！」

註解

◎4. 伽利略在比薩斜塔做的實驗僅記載於其學生為其寫的傳記中，同時代其他資料都並未提及，因此一般認為此實驗實際並未發生。伽利略在 1638 年出版的《兩種新科學的對話》中才詳細敘述了自由落體定律。

第十七回　撥雲望月天上原來沒有天　衣錦還鄉明人也會做蠢事

——望遠鏡的發明

上回說到伽利略年輕氣盛，當眾做了落體實驗，駁得那班老教授們啞口無言。亞里斯多德的信徒們，恨得牙根發癢，眞想找藉口把伽利略趕出校門。過了不久，這藉口眞叫他們給找到了。這比薩城所在的佛羅倫斯公國公爵是科斯摩，他有一個私生子，學識不深，卻好出風頭。有一天，這人花鉅資製成了一架挖泥機械，要去疏通海港。伽利略看了他的機器，說：「這怕是行不通的。」這一句話得罪了公爵，別人又乘機說了許多壞話，於是伽利略被趕出了比薩大學，教授的飯碗也沒了。

伽利略有不少朋友，靠著大家的幫忙，他來到了威尼斯的帕多瓦大學任教。而威尼斯早被教會摒棄，不受什麼宗教裁判所的限制。義大利不少學者都逃來這裡，自由地討論學問。伽利略一來便廣招門徒，積極社交。他從父親那裡學來的一手好琴藝常常成了晚會上最吸引人的節目。這伽利略風流倜儻，才華橫溢，在他周圍很快形成一個熱鬧活躍的圈子。

這時期，他進行了關於地球磁力的研究，發明了複雜的指南針，還有溫度計。成果累累，多不勝數。我們現在印象最深的是伽利略發現的那些基本定律，實際上當時人們最崇拜的是他的那些小發明。他玩弄這些東西有如變魔術一般，直把那些凡夫俗子弄得神魂顚倒，歎爲觀止。他愛吃喝，好交際，要搞試驗，常感錢不夠花。於是他又開了一個小鋪子，出售自己發明的天秤、角規、擺錘等，生意極好。他眞是名滿威尼斯。

一六〇九年八月二十一日上午，天氣晴朗，海風習習。伽利略拿著一個一尺來長的圓筒，身後簇擁著一群人，登上威尼斯城的鐘樓。跟在後面的人們都知道十九年前伽利略登高做了一個有名的斜塔實驗，今天大約又要出奇，所以誰也不說話，只是拾級而上。這時他們已到樓頂，極目望去，只見亞德里亞海灣裡碧波萬頃，水天一色，這正是觀海的好天氣。

伽利略將那圓筒架在眼上說：「諸位，可曾看到海上有什麼船隻？」

大家齊聲說：「海上乾乾淨淨，並無一帆一船。」

伽利略說：「天邊正有兩隻三桅大商船向我們駛來。」

說著他將那筒遞給大家。果然，人們從筒中望見兩艘大商船鼓滿風帆，破浪而來，把那些人都驚呆了。他們又將圓筒轉向西邊的市區，透過開著的窗戶，一般人家正在吃飯、下棋、幹活，都看得清清楚楚。

一個跟隨伽利略前來的小官僚看此情景，忙將圓筒放下，大叫道：「這個可怕的魔筒，威尼斯城有了它眞不可設想，我要回去告訴我的妻子，叫她千萬不要到陽臺上去洗澡了。」大家一陣哄笑。說話間，剛才在筒裡看到的那兩隻商船已漸漸在海天之際顯了出來，人們又是驚歎一番。

原來，前些日子，伽利略聽說荷蘭一個眼鏡商將兩片凸凹鏡片疊在一起，製成了一個能放大三倍的望遠鏡◎1，他很快便明白了這其中的道理，又重新作了改進，現在這個望遠鏡已能望遠三十倍了，今天他特地到鐘樓上來，向人們演試一番。演試先後，他將這寶物獻給了威尼斯公爵。公爵大喜，隨即下令聘請他爲帕多瓦大學的終身教授，年薪五千元。

正是：

阿翁有鏡能燒船，伽郎鏡能抓來船。方信真有縮地法，十里猶如一尺間。

其實，伽利略發明望遠鏡決不是爲了玩玩新奇。在暗地裡，他早就是一個哥白尼學說的擁護者，只是還沒得到更多的觀察資料。現在他發明了望遠鏡後，便可把鏡頭直指天空，好去驗證哥白尼講的是否正確。一六一〇年一月十日晚上，天氣格外晴朗，他又架起望遠鏡觀察月亮。有好半天，他的眼睛沒有離開望遠鏡筒。他發現如明鏡般的月亮根本不是我們肉眼所見的那樣光潔，上面竟是山巒起伏，溝壑縱橫。

「原來天上地下一個樣啊！」他失聲地大叫起來。幽默的伽利略當即將他觀察到的最高的一座山用阿爾卑斯山來命名。他再將鏡口轉向木星，發現木星也和地球一樣，有月亮似的衛星，而且居然有四個之多。按照傳統的托勒密天文學的觀點和聖經所講，那「天」是一個環繞地球的，裡三層外三層晶瑩透亮的天殼。天空的星就分別鑲在各層的殼子裡。

可是現在看到的這些星還能繞著別的星轉動，哪裡還有什麼固定的天殼？他再將望遠鏡指向銀河，哪有什麼河，原來是無數的星座，多得數也數不清。

伽利略發狂了，他推開望遠鏡大聲喊道：「發現了，發現了，哥白尼是對的，布魯諾是對的，群星在動，地球在動，太陽在動，天上原來並沒有什麼天殼啊。那些星球上的人看我們的地球也是天上，他們要信上帝的話，一定以爲我們這裡的人便是上帝。」

註解

◎ 1. 此人為李伯謝（Hans Lippershey，西元 1570 年～ 1619 年）。

和他一起觀天的朋友嚇得不知所措，忙上去堵住他的嘴說：「哎呀！我的老友，你瘋了，你忘了十年前燒死的那個人嗎？你不想活了？看在你兒女的份上，你也少惹點禍吧！」

但是伽利略今天是眞正激動了。他更大聲地嚷著：「哥白尼是靠假設，布魯諾是靠計算，而我們有了這個望遠鏡，可以直接觀察，也可以讓那些不相信事實的人來觀察。要知道，他們的亞里斯多德、托勒密當初並沒有望遠鏡啊，可是現在我有了，我有了，看他們還有什麼話可說。」

可是那些迂腐的老教授還是有話可說。他們道：「這些衛星既是肉眼看不見的，當然對我們沒有什麼影響，既沒有影響便沒有用處，因此它也就不存在。」這可眞是掩耳盜鈴，伽利略也不再理他們了。

伽利略關於星空的大發現又一次轟動了威尼斯城。連日來他到處作報告，到處被人邀請，但是他也沒忘記偷閒參加一些舞會、宴會。這天，在幾個好朋友爲他舉辦的一次宴會上，他一進門，大家就起身歡迎，連聲問道：「伽利略先生，這幾日又有什麼新的想法嗎？」

伽利略將手套摘下，神秘地說：「我有一個新的發現，就是我突然覺得，我應該回佛羅倫斯去。」

滿座賓朋頓時愕然。原來當初把伽利略趕出比薩大學的那個科斯摩公爵已經死去，現在是科斯摩二世即位，於是伽利略動了還鄉之念。他當即掏出一封給新公爵寫好的信，向大家念道：「我請求回到您的身邊，我將用您可貴的姓氏爲新發現的星球命名。我是您忠誠恭順的僕人，作爲您的臣民降生，乃是我最高的榮耀。我萬分渴望親近您，您是初升的太陽啊，把這個時代照亮。」

朋友們聽了這封信很不高興，有的竊竊議論，說這有點近於阿諛了。有的大聲喊道：「您爲什麼不繼續留在自由的威尼斯，而要去自投羅網呢？」

伽利略說：「我不會忘記，當年我是被趕出來的。現在和那時相比，我已大不一樣，何不回到自己的家鄉，去出出那口惡氣？公爵已經答應我做他的宮廷數學家，那是多麼榮耀的地位，我怎麼能在這裡屈身一輩子呢？」

幾天之後，伽利略不聽朋友們的勸告，收拾行囊，踏上了通往佛羅倫斯的歸程。這是他一生中做的第一件大蠢事。從此他就開始大禍臨頭了。

欲知後事如何，且聽下回分解。

第十八回　大主教家中宴遠客　伽利略羅馬上大當

——日心說又一次遭禁止

且說伽利略不聽朋友們的勸告，回到佛羅倫斯作了宮廷數學家後，自然是名位顯赫，十分滿意。他仗著自己是公爵請回的客人，又憑著手中掌握的科學證據，便到處演試，到處作報告，毫無一點顧忌。可是他哪裡知道，當年的那班宿敵決不會讓他這樣得意下去。

一六一六年春天，伽利略突然接到邀請，要他去羅馬講學。教會的主教、神父和許多科學家、神學家給他以盛大歡迎。他那關於新星的發現、銀河的觀察、太陽上黑子的移動等等，是人們聞所未聞。羅馬城裡的人們議論紛紛：「哥倫布發現了新大陸，伽利略發現了新宇宙。」

這年三月六日，在紅衣主教貝拉明的家裡，正準備舉行一場化妝舞會。那些有身份的紅男綠女穿著節日禮服，手持用硬紙殼製作的各種動物假面具，有貓，有狗，有羊，有兔，跳舞時便戴在臉上，專要享受那種使對方不知底細的樂趣。舞會前先舉行豐盛的便宴。這時，伽利略在主教和一群教會天文學家、數學家的陪同下步入客廳，全場立即起立鼓掌。

貝拉明先致辭歡迎：「今天，伽利略先生能從佛羅倫斯遠道來到這裡，真使我們的舞會增光不少。我們知道近來伽利略先生對天體的研究和對聖經的理解又有許多新的觀點，今天還有許多教會學者與伽利略先生同餐共聚，這也是一次神學界的盛會。」

隨即他吩咐人拿好酒來，又把伽利略讓至正位。伽利略在羅馬已逗留十多日，他雖到處講演，但還從未正式傾聽過教廷對他這些新發現的態度，所以心裡總有些忐忑不安。酒未三巡，席不暇暖，急躁的伽利略便忍不住了：「主教大人，我送給您的報告，不知可曾看過。如有什麼地方要詢問的，我可隨時向您說明。」

貝拉明微微呷了一口酒，並不答話。

倒是那個作陪的天文學家插進來說：「伽利略先生，我一直想請教一下。您說，根據望遠鏡觀察，金星的位相在不斷變化，這說明行星，也包括我們地球，都在繞太陽轉動。可是這些，我們靠肉眼並看不到啊。上帝給了我們一副明亮的眼睛，既然連眼睛也看不到的現象，那當然是不存在的了。」

「不對！」伽利略放下酒杯說：「上帝給了我們明亮的眼睛，還給了我們聰明的頭腦，眼睛不夠用時，便要想出辦法來去補充它、擴大它。」

「不，只有眼睛才最可靠。你發明的那些望遠鏡，是要給眼睛造成錯覺，是瀆神的玩具，是要讓人們在醜惡的玻璃片中看到一種假的反射。」

「先生，」伽利略有點不悅了，「您如果以爲念一念咒就能把這些新發現的星嚇跑的話，那未免太可笑了。」

這時一直沒有說話的大主教貝拉明，將酒杯放在桌上慢條斯理地說：「你們不必再爭，是上帝規定眾星繞地球運行。現在伽利略先生提出要讓眾星去繞太陽運行，這就是說，上帝還不如我們中間的一個普通人聰明，而要我們幫他去改正錯誤。」

伽利略立即站了起來，用手在胸前畫了十字，恭敬地說：「主教大人，我是教會虔誠的孩子。我想，我們對聖經的理解，有時也會有錯誤。我以我的發現如實地向教會報告，我不敢欺騙上帝。」

貝拉明馬上站起身說：「啊，伽利略先生，您不必緊張。今天我們是在家中跳舞、喝酒、閒談。不過，我以朋友的身份要向您提出一個忠告，關於對聖經的解釋，教會的科學家們自然有正確的答案。現在我請您看一件東西。」

他言猶未畢，早有一個文書捧上一卷紙來，打開一看，是教廷昨天晚上才作出的一項新決議：

太陽不動地居於宇宙中心之說，是虛偽和荒唐無稽的。因為它違背聖經，是異教邪說。同樣，地球不位於宇宙中心，而能晝夜自轉，至少從神學觀點來看也是罪孽深重的。從今天開始，哥白尼的一切著作及擁護他的有關著作一律列為禁書，不得再出版發行。

伽利略頹然靠在椅子上：「這就是說，今後我，不，所有的人，再也不能進行這方面的研究了？」

貝拉明微笑地向伽利略敬上一杯酒：「不，只要是不知道的東西，教會認爲還可以研究。你可以用數學假設去研究。我今天不過是受教皇之命特地向您轉告教廷的決議。」

他一側身，文書立即遞過一張紙。這是他們剛才的談話記錄。貝拉明提起一支筆來：「伽利略先生，還是請您簽個字，保證執行這項決議吧，您說過，您是教會虔誠的孩子。」

伽利略將手中端著的一杯酒一仰脖子倒進肚裡。昔日最愛喝的紅葡萄酒，今天變得又酸又苦。他借著酒勁微皺了一下眉頭，心想，這不是明明往我脖子上套枷鎖嗎？但教廷的旨意那敢抗拒？何況這不過是一紙空文，就權且應諾了吧。他接過鵝毛筆，草草簽了名，這時響起一片掌聲，原來人們早就注意看這邊的談話，見一場爭論了結才都鬆了一口氣。

貝拉明立即滿面春風：「伽利略先生，請跳舞吧，大家為我們已等候多時了。」說著他自己戴上一只兔子面具，踏著音樂聲向舞場中心走去。

這舞會的場面，伽利略不知經過多少次，今天這優美的音樂卻使他十分煩躁。他隔著人群的肩膀看著那隻來回擺動的「兔子」，白耳朵，紅眼睛，多麼善良的面孔，但誰知面具後面藏著什麼樣的禍心啊。十六年前就是他將布魯諾活活燒死的。想到這裡不由打了一個寒顫，腳步也越來越亂，他真後悔自己到羅馬來。◎1

註解

◎ 1.1616 年，反哥白尼學說成為教會主流，伽利略至羅馬勸說教會不成，最後在貝拉明的說服下答應放棄日心說。

第十九回　施巧計巨人再寫新巨著　弄是非主教又出壞主意

——力學、天文學巨著《對話》的問世

伽利略自從在羅馬簽字保證再不宣傳哥白尼學說，回到佛羅倫斯之後，整日悶悶不樂。他想研究的事不能去研究，他想大聲呼喊卻又不敢，只有獨自在屋子裡自問自答，作著各種假設，各種計算。這樣一直過了七年。

這一天，伽利略來到佛羅倫斯郊外的一所修道院。由於這幾年境遇不好，他的身體已大不如前。他在修道院內的林蔭小道上蹣跚地走著，兩眼茫然地看著前面，他的視力也已不佳了。這是因爲前幾年他曾得過一次癱瘓，留下了這些後遺症。和當年在斜塔上做實驗時的那個英俊少年相比，可眞是判若兩人。這時修道院二樓上的一扇窗口裡，閃過一個年輕女人的影子。

一會兒她便匆匆地奔下樓，向伽利略跑來。她喘著氣，跑到伽利略的面前，一下跪倒在地，拉著他的手吻著，喊著：「爸爸，您怎麼又來看我，您身體不好，跑這麼遠，您看，渾身都汗濕啦。」這是伽利略最喜歡的女兒，叫舍勒斯特。◎1

伽利略並未正式成過親，他有一位情婦，爲他生了二女一男。其中就數這個舍勒斯特聰明漂亮。她本來已和一位名門子弟訂婚，但是自從伽利略在羅馬被警告後，人家怕受牽連，這門婚事也就突然告吹了。舍勒斯特一夜哭成個淚人，天明之後取出嫁衣，撕得粉碎，便投身到這個修道院裡，做了修女。◎2

伽利略總覺得自己對不起這孩子，常來這裡看望她。女兒攙著他虛弱的身子，在修道院的林蔭道上慢慢地走著。突然，一陣鐘聲，修女們一起跑下樓向教堂裡跑去。伽利略攔住剛走下樓的修道院長問：「出了甚麼事情？」院長是認識伽利略的。他常來看望女兒，還常幫院裡修修掛鐘，也常給院長送點禮物。可是今天見面，她也來不及問候，便急急答道：「啊，伽利略先生，您還不知道，教皇去世了。烏爾班八世◎3已即位當了新教皇啦。」

「甚麼？您說誰即位了？烏爾班八世，可是那個叫巴貝日尼的紅衣主教？」

「是他，是他，和你一樣，也是個愛占星觀天的人。」伽利略未等院長說完，立即轉身來大聲說：「孩子，我的舍勒斯特，你在這裡靜心住著吧，我們的好日子快來了。」他那雙已渾濁的眼睛，突然放出奇異的光采。他將手臂上掛著的一籃蘋果匆匆遞給院長說：「給您，這是我的學生從鄉下帶來的。」話未說完，便返身大踏步地走了。那矯健的身影，使人感到好像他從未得過病一般。

伽利略一口氣跑回城裡他那間陰暗陳舊的小屋，一把推開了門。桌子上擺滿了地球儀、角規、望遠鏡，還有幾樣小機械模型，牆上掛滿星表。他的忠實的學生維維亞尼◎4，還有老朋友，佛羅倫斯城裡的一個老鏡片匠，正伏在桌上搞著小試驗。他們一抬頭，見他大汗淋漓的樣子，忙站起來齊聲喊道：「外面出了甚麼事？」

「出了大事啦，出了好事啦！你們可知道，老教皇死了，就是那年在羅馬發佈對哥白尼學說的禁令，逼我簽字的那個老教皇死了，這下，我們自由了。我們又可以飛向宇宙了。」

註解

◎1. 舍勒斯特（西元 1600 年～ 1634 年）：Maria Celeste，舍勒斯特是修女名，原名為維吉尼亞．伽利略（Virginia Galilei）。

◎2. 伽利略兩個女兒因為非婚生的關係，被伽利略認為嫁不出去，最後都至修道院當修女。

◎3. 烏爾班八世（西元 1568 年～ 1644 年）：Pope Urban VIII，原名巴貝日尼（Maffeo Barberini），於 1623 年起擔任教皇。

◎4. 維維亞尼（西元 1622 年～ 1703 年）：Vincenzo Viviani，實際上，此時維維尼亞才 1 歲，維維亞尼直到 1639 年時才成為伽利略的學生。

鏡片匠倒不以爲然，他擺弄著桌上的望遠鏡說：「老的死了，還會有新的。伽利略先生，您恐怕想得太樂觀了吧！」

「不，烏爾班八世是我的朋友，他也愛好天文、數學。當然，我們也不敢太隨便。當年主教不是說過允許用數學假設去研究嗎？我們這回不要直接講解，而是通過虛構的人物對話，把這幾年的研究成果統統寫出來。只要能公佈於世，有頭腦的人一看就會明白。」

「怎麼來安排對話呢？」維維亞尼瞪著一雙又喜又驚的大眼。

「孩子們，你看。就像我們三個人一樣，在這裡閒聊天，一連聊它四天。一天討論一個力學、天文學方面的問題，將這幾年亞里斯多德、托勒密與哥白尼兩個體系的論爭全盤端出。三個人的名字我也想好了，一個叫薩爾維阿蒂，他思想深沉，才華過人，代表哥白尼；一個叫沙格列陀，他思路敏捷，言詞犀利，讓他來充當中間裁判人；還有一個叫辛普利邱，是個六世紀時期的歷史人物，他盲目崇拜亞里斯多德，是亞氏著作的權威注釋家。我們就用他的名字，讓他來代表那個頑固的亞里斯多德和托勒密。好，我要讓薩爾維阿蒂和沙格列陀去聯合進攻辛普利邱，要彙集一切能證實哥白尼學說的論據和理由去推翻亞里斯多德和托勒密體系。只是我們自己——作者一定要裝扮得超脫一點。」

維維亞尼一聽，一下高興地跳起來，上去一把抱住伽利略：「老師，這回我們可要解解心頭之恨了，可要向亞里斯多德的教廷出出這口憋了七年的怨氣了。」

老鏡匠也笑得眉頭舒展，嘴合不攏，說：「伽利略先生，你就快寫吧。」

這本取名叫《關於托勒密和哥白尼兩大世界體系的對話》（簡稱《對話》）的巨著從一六二四年動工到一六三二年才寫成。伽利略還很小心地寫了一篇序。果然，此書蒙過了教會的檢查，當年就在佛羅倫斯出版了。這本書一出版，立即像一股旋風，數月之內便橫掃整個義大利。一個被禁止了十六年的幽靈又復活了。人們又到處議論著哥白尼的日心說，傳閱著伽利略的新著，被書中那幾個活靈活現的人物和精闢的哲理所吸引。一時無論是政治文章，文藝作品，甚至街頭賣唱藝人的歌謠，都樂意吸收和宣傳這個新思想，甚至連天文學都成了節日遊行的題目。

這本書當然也早就傳到了教會當局的手裡。這天早晨，教皇烏爾班八世正坐在自己的書房裡翻閱著伽利略的那本《對話》。論私交，伽利略和他是朋友：說學問，他得稱伽利略爲老師。這個教皇可眞有點特殊。桌上，這頭擺著聖經，那頭擺著數學、物理。牆上掛著聖母像，又貼著星表。他對科學本來是有一些愛好，現在又當了教皇，便決心要用科學解釋聖經，用神學來統帥科學。伽利略的這本新著，他自然要重點研究一下。這時，他正在看一個爭論多年的老問題：如果地球會轉動，那麼，人們只要雙腳用力往上一跳，落下時就會不在原來的位置。烏爾班八世將身子更低地伏在案上，用細長的小指甲比著書上一行行的字，急著看伽利略怎樣回答。

伽利略在書的字中早有申明，自然不會自己去說，他讓聰明的薩爾維阿蒂講了一個故事：

「你和你的朋友乘一艘大船就要出海旅行了。你們坐在甲板下的大艙裡。艙裡還帶著幾隻蝴蝶、蒼蠅和幾隻小飛蟲。桌子上有一個大碗，碗裡有幾尾小魚。船還沒有開，魚在自由地遊，飛蟲在自由地飛。你雙腳起跳還會落在原地，你給朋友扔東西，不管朝前，還是朝後，都覺得只需要用同樣大的力。這時船開了，它在勻速地航行，而且速度很快，只是不左右搖擺。這時你再拚命往高跳，落下時還在原地。你再向朋友扔東西，無論是順著還是逆著船的航行方向，仍然是只需要用同樣的力。而且那些小飛蟲，也不會因船向前行，便被甩到船尾。魚在碗裡輕鬆自如地游，也不會顯得向後游時比向前游更費力氣。這就是說，要是站在正在運動著的船上，你我根本無法從其中任何一個現象判斷船是在運動，還是已經停止。」

讀者注意，這就是那個很有名的薩爾維阿蒂大船的故事，它講出了運動和靜止是相對的原理——伽利略相對性原理。當時從根本上動搖了地靜說的基礎，後來又成了愛因斯坦狹義相對論的基本原理之一。這是後話。再說這教皇烏爾班讀到這裡，不覺拍拍額頭：「這種比喻倒還新奇。」他站起身，在屋裡來回踱著步子，一邊自語著：「薩爾維阿蒂的大船，上帝的地球……，我們這些坐在大艙裡的乘客……覺不出地球在動……聖經上說……」

這時一個侍從悄悄進來，低聲說：「陛下，主教貝拉明一早就來求見◎5，在外已等候多時。」教皇漫不經心地回了一句：「請吧。」

貝拉明進來了，行禮後便急忙奏道：「陛下，羅馬全城都在議論伽利略，比當年他來羅馬時還要可怕。這個老頭子，他當年曾在禁令上簽過字，答應不再宣傳哥白尼的學說，現在又背叛前言，欺騙教廷……」

烏爾班這時正踱回到書桌旁，他打斷主教的話說：「知道了。我正研究他的這本新書，看他在說些甚麼。好像，還講了一點新道理。」

「唉呀，我的陛下，書裡哪有甚麼新東西，除了哥白尼的陰魂，就是……」貝拉明突然吞吞吐吐起來，再不肯往下說。

「就是甚麼？」

主教壯了壯膽說：「就是對您的攻擊。」

「胡說，伽利略是我的老友，他還不至於如此放肆。」

「您看，」貝拉明趨前幾步，把《對話》翻了幾頁說，「陛下，明眼人一看就知道，這書裡的兩個人薩爾維阿蒂和沙格列陀就是哥白尼和伽利略自己。還有一個辛普利邱，他是您最崇拜的歷史人物，而在書裡卻處處被兩個對手所嘲弄。外面人都在議論著，這個人實際上就是指您啊。」

教皇不覺一驚：「你有甚麼根據？」

貝拉明很快又翻到一個地方，看來他早就研究過這本書了。「陛下，請您讀一下他們第一天的這一段對話。」

「薩：『你（指辛普利邱）不要去爲天和地煩惱，也不要怕把它們攪亂了，或者怕哲學垮臺。拿天來說，既然你認爲天是不變的，永恆的，那就不必白白地爲它擔憂。拿地來說，現在我們這樣努力地把它說成和天體一樣，毋寧說是爲了使它變得高貴和完善。不妨說，你的哲學把地球從天上放逐掉，而我們則要它回到天上……』」

貝拉明又飛快地翻過幾頁：

註解

◎5. 貝拉明實際已於1621年去世。

「沙：『我覺得，爲了說明地球保持靜止狀態，從而認爲整個宇宙運動是不合理的，這正如有人登上你府上大廈的穹頂，想要看一看全城和周圍的景色，但是連轉動一下自己的頭都嫌麻煩，而要求整個城郊繞著它旋轉一樣，這兩者比較起來，前者還要不近情理得多……』」

貝拉明合上書說：「陛下，誰不知您用自己的學識最完美地解釋了聖經，捍衛了天動地靜說，而伽利略卻借他人之口說您在『爲天地煩惱』，說您『連轉動一下自己的頭部都嫌麻煩』。」

教皇的眉頭漸漸皺成一團，他在地上更快地踱著步子，說：「我的主教，這怕有點牽強吧。」

「陛下，這不過是我的一點看法，也許不對。不過全羅馬城已經議論紛紛，有人這樣褻瀆上帝，直接諷刺我皇，這對教廷的威嚴怕是不大好的。」

說完，貝拉明退出教皇的書房，但他沒有馬上離去，而是放慢腳步，一步一停地向外邁著。他早看見剛才教皇急皺的眉頭，還看見他煩躁地雙手相握，叭叭地捏響指頭。他對這位以科學家自居，最愛面子的烏爾班，是瞭若指掌的。果然，貝拉明還未走出門外的長廊，只聽屋裡一聲悶響，像是甚麼東西重重地摔在桌子上。接看便是一聲怒吼：「來人！」侍從早就貼門而進，貝拉明也急行幾步擠進屋裡，俯跪在地：「陛下有何吩咐？」

「告訴宗教裁判所，立即傳伽利略到羅馬來！」

第二十回　假悔罪地球其實仍在轉　真宣判冤獄一定二百年
——科學史上最大的一起迫害案

上回說到大主教貝拉明鼓動如簧之舌，在教皇面前搬弄是非，於是伽利略大難臨頭。不幾天，他身戴枷鎖被從千里外的佛羅倫斯押到了羅馬。這時他已到六十六歲的遲暮之年，諸病纏身，朝不保夕。

本來醫生說：「他可能等不到去羅馬，就會在路上消失到另一個世界去。」可是教皇說，就是死了，也要押來受審。他的朋友們曾勸他逃走，並準備好了車馬，可是伽利略說，我是一個虔誠的教徒，我應該到羅馬去當面把這一切說清楚。

這天，伽利略被押到宗教裁判所，顫巍巍地站在被告席上。主教貝拉明陰沉著臉坐在案後，還不等伽利略喘過氣來，便拾起一本書在桌上啪地拍了一聲，喝道：「伽利略，這本宣傳異端的東西，可是你寫的嗎？」◎1

伽利略不需細看，便知道他摔的正是那本《對話》，便說：「主教大人，書是我寫的，但那並不是甚麼異端邪說。序裡開頭說得明白，那不過是一種假想。再者書中的三個人物，各代表一種觀點，自由討論。亞里斯多德的代言人辛普利邱也在充分發言啊！」

主教一聲冷笑，「伽利略，你眞會詭辯，你讓辛普利邱代表亞里斯多德說話，可是，你同時又借那兩個狂徒的口百般諷刺挖苦他。你既然是一個虔誠的教徒，爲甚麼又攻擊聖經上寫明的道

註解

◎1. 實際上，負責審判伽利略的是麥克萊恩主教（Vincenzo Maculani，西元 1578 年～1667 年）。

理？」

伽利略有點激動了，他抖動著滿臉銀鬚，大聲反駁道：「科學發展到今天，從望遠鏡裡已經看到許多新證據，我只不過如實將這些寫出來供大家討論，而你連這也不允許，這分明是要一個科學家去背棄自己的感情和那些無可否認的事實。這是你們在製造異端！」

伽利略努力使自己的情緒鎮靜下來。然後，他以自己對教會的虔誠，歷數許多新證據，從各種角度對聖經進行解釋，並且他一再說明，這只是假設，是爲了討論問題方便，決無宣傳邪端之意。他說得口乾舌燥，眼睛裡噙著淚花，虔誠之中掩藏著憤怒。他憤怒於胸卻又不敢直陳於口，但是又絕不甘於投降認罪。他站在那裡內心矛盾，兩手發抖，臉漲得通紅。他盡腹內所有的學識，努力掌握著一定的分寸，與主教大人進行著馬拉松式的辯論。從上午開庭，一直這樣辯論到暮色蒼茫，直到教堂的天窗上那最後一縷陽光也已消失，還是沒有任何結果。

這時貝拉明早按捺不住了，便將桌子一拍，拿出一張紙，惡狠狠地說：「伽利略，這裡有你十六年前在羅馬保證不再宣傳哥白尼學說的親筆簽字，這次你的態度再不好，可是要判『重犯』罪的！」說完便宣佈休庭，拂袖而去。

審訊就這樣一直進行了三個多月◎2，毫無結果。教皇大怒，下令對伽利略進行「嚴厲審判」。這「嚴厲」二字卻非同小可，它是宗教裁判所專門對付異端的手段。大致分五個步驟：一、先對犯人提出警告；二、拿出刑具威脅；三、領犯人看別人受刑的慘狀；四、加上刑具，給最後一個招供的機會；五、施刑，如不招供直至折磨至死。這整個施刑過程都是「維裡亞」式

（意即「不眠」）的。法官四小時換一批，犯人卻不得有片刻的休息。

這天，伽利略在自己心愛的學生維維亞尼和羅馬幾個朋友的攙扶下來到「嚴厲法庭」門口。維維亞尼眼裡含著淚花，望著伽利略那風一吹便可吹倒的身體，難過地說：「老師，請多保重，看來今天他們要對你下毒手了。」

伽利略以手扶著他的肩膀，仰望著教堂頂上的十字架說：「上帝作主，理性是不會屈服的。」

幾個老朋友也都眼淚汪汪地圍過來，欲言無語，生離死別。這時伽利略反倒很沉靜，他微笑著，看著天空說：「不管怎樣，地球，我們大家，連同這座教堂，都在圍繞太陽轉動。三十二年前布魯諾爲此而獻身，今天又需要我去殉難了。」

說罷，他整了整長袍，毅然向裁判所大門裡走去。那大門像一隻張大的虎口，待伽利略的背影一閃進去，虎口喀嚓一聲便合閉了。維維亞尼看著那兩扇滿是鐵釘的大門，哇地一聲哭出來，一下跌坐在門前的臺階上再也站立不起來。

伽利略的朋友和學生在裁判所的大門口從早晨等到天黑，那扇大門還是冷冰冰地沒有一點動靜。他們心焦如焚，不知此時老人正在過第幾道關。他那十分衰弱的身軀可經得起那些刑具？他們想著，猜著，看著日落月升，冒著颯颯寒風，直熬到東方發白，又過了一天一夜。第二天早晨，連他們自己也已身心困頓，實在難以支持了。這時那扇黑大門匡噹一聲，突然打開。大家一起從地上躍起，但出來的卻不是伽利略，而是一個教士，手裡舉著一紙文書，身後還跟著幾個

註解

◎ 2. 伽利略自 1633 年 2 月在羅馬進行審訊，宗教裁判所於 1633 年 6 月 22 日做出判決。

人。這時教堂上的大鐘也突然噹噹地作響。維維亞尼一下擠到最前頭，他努力向裡面張望，卻看不見他的老師出來。

這時鐘聲停了，教堂門口早已黑壓壓地聚來一片人。那個教士手裡舉著一紙文書喊道：「上帝的孩子們！伽利略已經向教廷認罪，承認自己是宣傳了違背聖經的異端邪說，並在悔罪書上簽了字，現在就來宣佈他的悔罪書：『我，伽利略，親臨法庭受審，雙膝下跪，兩眼注視，以雙手按著聖福音書起誓，我摒棄並憎惡我過去的異端邪說：我懺悔並承認，我的錯誤是由於求名的野心和純然無知：我現在宣佈並發誓說，地球並不繞太陽而運行。我從此不以任何方法、語言或著作去支持、維護或宣揚地動的邪說。』」

維維亞尼憤怒地喊著：「這不可能，這是誣衊，是揑造，讓伽利略先生親自出來說話，讓……」

這時，伽利略眞的出現在教堂門口。他已經被折磨得叫人難以辨認，滿臉銀鬚被汗水混成一撮一團，臉色白得像一張紙，渾濁的目光直視著前面。維維亞尼一見便撲了上去，半跪著拉住伽利略的長袍：「老師，這是怎麼一回事，你簽字了嗎？這是眞的嗎？」

伽利略那蒼白的臉上，泛起一點羞愧的紅暈，他不敢直對維維亞尼的目光，用低得幾乎聽不見的聲音回答：「是眞的，我簽了。」

維維亞尼一下跳了起來，用手狠狠地擦了一把眼角的淚水，喊道：「伽利略先生，你眞的投降了嗎？你是我的導師，是人們心中的神，你在比薩斜塔上，在威尼斯鐘樓上，在羅馬廣場上，都以自己偉大的發現征服過愚頑的惡勢力，贏得了眾人的愛。你堅信自己的學說，終身宣揚自己的學說，你說過，誰不知眞理，他只是個傻瓜，但誰如果知道眞理，卻把眞理說成謊言，那他就是一個罪犯。你今天向教廷認了罪，可是對眞理，對您自己卻犯了大罪啊！」

維維亞尼急了，瘋了，現在最難受的好像不是伽利略，而是維維亞尼。他淚光閃閃，盯著伽利略的眼睛，拉著他的袖子，搖著，問著，他希望這一切都是假的。伽利略仍用幾乎聽不見的聲音說：「孩子，眞理我當然不會拋棄，悔罪自然是假的，但是我眞的簽了字，你們罵我吧，我已再不屬於那個科學的世界，已不配做你們的老師。」

維維亞尼眼中冒出怒火，一下摔掉他的衣袖，憤憤地說：「你去認罪吧，地球還在轉動！」

正是：

實驗證據千千萬，獨闢蹊徑向峰端。可惜只缺犧牲志，偉人憾留汙一點。

這時突然鐘聲又重新響起，大主教貝拉明從教堂裡走了出來。他向臺階下傲視一圈，舉手在胸前畫了個十字，做出一種莊嚴的腔調，開始大聲宣佈法庭對伽利略的判詞：

「本神聖法庭要阻止引起神聖的信仰遭受毀滅和愈益擴大的混亂和毒害。根據教皇和最高的世界異端法庭各位樞機主教的命令，兩個原理——太陽靜止和大地運行——受到神學家的審查如下：

「太陽是世界中心而且靜止的原理，在哲學上是荒謬的，虛僞的，而且形式是異端的，因爲它和聖經上說的相矛盾。

「大地不是世界的中心，而且不是靜止的，也是晝夜運行的原理，在哲學上也是荒謬和虛僞的，在神學上至少是信仰的錯誤。

「爲了處分你這樣嚴重和有害的錯誤與罪過，以及爲了使你今後更加審愼和給其他人作個榜樣和警告，我們宣佈，用公開的命令禁止《對話》一書。判處暫時把你正式關入監獄內。根據我們的同意，以及使你得救的懺悔，在三年內，每週讀七個懺悔聖歌……」

教廷對伽利略的這項宣判，直到二百多年後的一九八〇年，才又經羅馬教廷覆議平反，宣佈取消。這是科學史上時間拖得最長的一起冤案。

第二十一回 佛羅倫斯義公爵難堪 雷根斯堡德皇帝受驚
——大氣壓力的發現

說到伽利略被教廷宣佈監禁，但因爲他身體實在過分虛弱，便由他的一些老朋友作保，監外執行，到佛羅倫斯郊外樹林裡找了一間小屋，悄悄地隱居起來，於是他也就慢慢地被人忘了。

讀者或許還不知，你道這佛羅倫斯是何等熱鬧的地方，西元十四世紀前後，他正處於義大利南北通大道上，人口已達十萬，手工業工廠發達，僅毛紡廠就達三百多家，而且並不是自產自銷，原料來自義大利，染料來自埃及，產品又銷到英、法。世界各地的商人南來北往好不熱鬧。

要說文化，這裡又是文藝復興的重要基地，一些有名氣的代表人物都是這裡的人氏。伽利略就不用說了，還有寫《神曲》的詩人但丁，畫《蒙娜麗莎》的達文西，製作《大衛》雕像的米開朗基羅◎1，建了著名的無柱圓頂教堂的建築師布魯涅內斯基◎2。這裡雖是扼殺了一些如伽利略那樣的新文化名人，但是就連那些上層貴族人物也不能抗拒這個新文明衝突。一些上層人物也是總想把自己打扮成有知識的樣子，想把自己的庭院裝修得更華麗些，好向市民們和外國商人炫耀一下自己。

現時這佛羅倫斯的大公爵塔斯坎寧別出心裁，要在自己家的院子裡建一個大噴水池。他想，這種闊氣誰能比？錢是不發愁的，至於設計，他要親自動手。他安排了水池、噴頭、假山，還在池山之間種了國外引進的奇花異樹，建了庭廊，亭間廊邊遍設燭臺，爲的是夜間一樣可以暢遊。

註解

◎1. 米開朗基羅（西元 1475 年～ 1564 年）：Michelangelo 。

◎2. 布魯涅內斯基（西元 1377 年～ 1446 年）：Filippo Brunelleschi。

爲了加大水量，他又特別吩咐管家找來了打井工人，爲噴水池專挖一口井。那井也挖好了，抽水機也裝好了，只差機子一轉，就可珠滾荷葉，銀落水面，人們便可以隔著水簾，披著濕霧，跳化妝舞了。但這般光景公爵不準備一個人獨享，這是一次向全市炫耀自己學識、財富、才華和風度的好機會。

這天，他選了一個良辰吉日，遍請了市內的頭面人物，大工廠廠主，教授，藝術家，還有那些從波斯、西班牙等東西方來的富商大賈，還特地邀請著名的諾爾魯神父來光臨新水池「開噴典禮」。

這天剛日壓西天，公爵家的大門口就車塞馬鳴，門內廊上庭上也早美酒侍候，佳餚等人了。不一會兒紅燭高照、華燈齊放，樂聲輕輕地漫上了樹梢屋頂。這時塔斯坎寧公爵舉起一杯紅酒笑容滿面地說：「各位先生，今天本公爵親自設計的噴水池竣工，特邀你們來參觀一下我的傑作，並參加我們家庭慶祝舞會，我和我的夫人及全家表示非常的感謝。讓我們大家爲這項庭院工程的勝利竣工來乾一杯。」

接著就聽一陣酒杯相碰的叮噹之聲。然後公爵向早就在庭外侍候的工匠一揮手：「開始抽水！」

可是這水井裡的水半天也抽不到地面上，更不用說從噴頭裡噴出來了。那些工匠搖著抽水機的搖把累得滿頭大汗，只聽那水好像是提到了半腰，可是咕嚕一聲，就像人噎了氣一樣，又下去了，公爵忙命工匠仔細檢查一遍，每一個螺絲都看過了，機器完好，設計看不出有問題。現在就連公爵自己臉上也汗津津的了。

這時從貴賓席上走出一位年輕人來，他略帶嘲弄地將公爵看了一眼說：「不要費勁了，今天這井裡的水是不會上來了。」

「你怎麼知道？」

「伽利略說的。」

這一句話就像是有人突然在席間放了一顆炸彈，頓時大家都驚呆了。伽利略不是早就被教會監禁了嗎？怎麼他的幽靈今天又出現在這裡。

這青年看著這些吃驚的人們，哼了一聲說：「你們當然把他忘了，可是不管你們忘不忘，地球照樣還在轉，這水照樣不會聽你們的話上到地面來。下午，我剛從郊外回來，他老人家知道這裡在打井，說，只要超過十公尺，水就別想上來！」

「爲什麼？」

「因爲抽水是靠抽掉水管裡的空氣，生成眞空，外面的大氣壓力發生作用才把水從管子裡壓上來。但是這壓力是個固定的數字，管子長了，它沒有那麼大的勁，自然就壓不上來了。」

「什麼？你說什麼眞空？裡面什麼也沒有？這是不可能的。」這時在座的一個神父立即站起來與他辯論。

「是的，什麼也沒有，連上帝也不存在。」年輕人好像很高興有人出來應戰。

「你是誰？」

「我是伽利略的學生。一個伽利略份子。」這個青年叫托里切利◎3，他崇拜伽利略，到處自稱是伽利略份子，比伽利略更直率地宣傳他的學說。

大公和神父，萬沒想到今天這個場合能冒出一個伽利略的學生，眞使他們掃興，便惱怒地說：「既然你發現了什麼眞空，就當眾拿出來給大家看看。」他們冷笑著，很爲自己出了這麼個絕好的難題而自豪。想瞧這青年的難堪。

青年不慌不忙的說：「這很容易，我先做一個實驗，拿來『眞空』讓你們看看。不過在看以前先講個條件：要是實驗做成了，高貴的大公，還有尊敬的神父，你們得當眾承認伽利略的學說是對的。」

「要是做不成呢？」大公連想也不想他會做成，急著反問。

「任你麼怎樣處置。」

「好，那就馬上把你送到羅馬教廷去審判。」神父急忙宣佈。

他知道從伽利略被監禁後，又有一個叫佛羅倫斯中心實驗會的青年團體，還在到處實驗，宣傳伽利略的學說，教廷已經抓了一些。那次有一個青年拒捕，還跳樓死了。想不到今天在這裡又碰見一個這樣大膽妄爲的毛頭小子。

「好，一言爲定！」

只見托里切利從桌上拉過一個又細又扁的黑匣子，打開取出一瓶水銀和一根有一公尺長，一頭開口的細玻璃管，管上有刻度。他又隨手拉過一只小碗，倒滿了水銀，再把玻璃管裡也灌滿，用拇指按緊開口，然後一下倒過來連手指浸入碗中，再抽出手指。只見那細管中的水銀開始下滑，但是當液面落到七十六公分處時便不再動了。

托里切利指著七十六公分以上的那一截管子說：「各位先生，請看，這管子裡就是眞空，空得連空氣也沒有了。」

「可是爲什麼水銀不再下落，讓管子裡再空一點呢？」客人中有人顯然對此已發生興趣，忙插話提問。

「對，爲什麼水銀不再下落了呢？正是由於空氣的壓力。這壓力就像能把井水壓上來一樣，它能把水銀正好托在這個高度。水銀的密度是$13.6g/cm^3$，因此這水銀注的壓力就是$13.6 \times 76 = 1033.6g/cm^2 = 1.0336kg/cm^2$，這就是空氣的壓力。那水的密度是一。十公尺深的井管，水柱就有$1 \times 1000 = 1000$（g/cm^2），差不多正是大氣壓力，你想，井深超過十公尺那水還能壓上來嗎？幸虧公爵打的是一口水井，要是一口水銀井，怕井深不到一公尺就要報廢了。」托里切利說完，以嘲諷的眼神向公爵看了一眼。他就是這樣年輕氣盛，成心要讓這班貴人難堪。

這時客人中有人點頭稱是，有人津津有味地聽著這個聞所未聞的新課題。

諾爾魯神父眼看著這場面竟要讓這個毛頭小子左右了，也顧不得體面，忽地一下站起來說：「你這是變魔術。你又怎麼能證明上面那截管子裡眞的是空的呢？怎麼能證明這水銀柱眞的是空氣的壓力托著呢？」

「別急！」托里切利向神父一笑，然後又從黑匣裡抽出一根Y形管子。這是一根直管兒，在

註解

◎ 3. 托里切利（西元1608年～1647年）：Evangelista Torricelli。

頂頭上彎出一個彎，形成一個鉤子，又像根拐杖。彎頭處開了個洞。只見托里切利用一個指頭堵住小洞，彎朝下，灌滿水銀，倒過來和剛才一樣浸在水銀碗裡，這樣長直管裡又是個七十六公分的水銀柱，而那彎兒底部也存下一截水銀，上面卻出現了眞空。這一個連通管裡就有兩截水銀，兩截眞空了。

托里切利向大家掃了一眼，說：「現在只要我手指一離開這個小洞，由於空氣進來生成壓力，長管裡的水銀就會全部落入碗裡，小彎裡的水銀就會被空氣托到管頭上去。這正好說明剛才這裡確實是沒有空氣的，你們信不信？」

「不信！」公爵忿忿地應著。

只見托里切利將手一抬，那直管裡的水銀柱像是空中的懸物斷了線，唰地一下跌落碗裡，而那個彎管底部的水銀倒像有一個無形的手在下面推擠，眼睁睁地升上了管的頂頭，像貼在管子上一樣不再下來。這時全場的人都顧不得佳餚、美酒了，一個個伸長了脖子，都看著這根魔管。有的人還在胸前畫著十字，輕輕地喊著：「啊，上帝！」

托里切利這時揚起頭很認眞但又像是在開玩笑地說了一句：「那不是上帝，是空氣！」

而公爵呢，看著這個像變魔術一樣的場面，一邊掏手帕擦汗，一邊說：「可能伽利略眞的是對的。」

托里切利見公爵終於說出這句話，便收拾起他的黑匣子，一個鞠躬，飄然離去。這時半天沒有插上嘴的公爵夫人看著這個掃興的場面，才想起把管家叫來，怒斥道：「他是怎麼混進來的？」

管家怯生生地說：「我見他夾個匣子，還以為是樂隊裡的人呢。」

這就是一六四三年進行的有名的托里切利眞空實驗。水銀柱上的那段眞空也就被後人稱為「托里切利眞空」，而那種玻璃管也被叫作「托里切利管」。

再說這眞空試驗的消息立即不脛而走，人們都競相演示這個實驗。消息傳到法國數學家布萊斯．帕斯卡◎4，他不但在家裡作實驗，還到山上、山下對比著做。他發現空氣的壓力與海拔是相關的。在海拔兩千公尺以內每升高十二公尺，托里切利管中的水銀就要下降零點一公分。

消息傳到德國，德國馬德堡市的市長格里克◎5竟也放下繁重的公務來做這個科學遊戲。他想的主意更為新奇，他用兩個鐵製的直徑有二十公分的半球扣在一起，並不作任何焊接，只見裡面的空氣抽掉，於是無論多麼強壯的大力士，一人抓住一半拉也拉不開。人們簡直不敢相信這球的魔力。

一六五四年德國雷根斯堡郊烈日融融，綠草如茵。這天，山坡下的空場上圍了有上千人。草地上又是跳舞又是賽馬，好不熱鬧。沿山坡臨時搭起了檯子，上面旗杖華麗，鼓樂齊鳴。

原來今天皇帝、皇后也在這裡與民同樂，一會兒，格里克一手拿著一塊他設計的半球來叩見皇上，請求為陛下表演一個科學遊戲。皇帝正在興頭上便欣然允許。只見他雙手將這兩個半球啪地往內扣合，助手遞上一個小唧筒，三下兩下，就將裡面的空氣抽光了。這球的半徑不過二十公分，裡面的空間頂多也只能裝三個拳頭。然後格里克將兩根又粗又結實的絲繩繫在半球兩邊的環

註解

◎4. 布萊斯．帕斯卡（西元 1623 年～ 1662 年）：Blaise Pascal，此實驗於 1648 年所做。

◎5. 格里克（西元 1602 年～ 1686 年）：Otto von Guericke。

上，招手叫過兩個大漢一邊一個拔起河來。

只見他們臉漲得由紅變紫，雙方或左或右，互有進退，而那球的兩個半塊倒是平平穩穩地相抱一起。皇帝、皇后看得發呆了，剛才明明是兩個隨便合起來的半球，怎麼會吸得這麼緊？這時奧格里克又命令兩邊各加到兩人，加到三人。鐵球呢，倒像越拉越緊。草地上千人之眾鴉雀無聲。格里克喊了一聲：「住手。」然後乾脆牽過兩匹馬來，一邊套上一匹，兩個馬伕揮起鞭子，兩匹馬仰天長嘶一聲，四蹄扣地向兩邊拉起來。

可是那球還是依然如故。格里克又將兩邊再各加一匹，一會又加一匹，這樣一直各加到七匹健馬，還是不見分曉。這時皇后早忘了她那在臣民面前應保持的尊容，雙唇大開，右手緊緊抓住皇帝的手腕。

格里克又命令兩邊各加一馬，馬伕的鞭子甩得如爆竹炸響，馬嘶嘯嘯，塵土飛揚，圍觀的人群也沸騰起來，各喊加油。只聽「砰」的一聲，鐵球終於裂成兩半，兩邊的八匹馬各帶著半塊小球一下衝出幾百公尺遠。◎6

這時皇后才閉口鬆手，喘出一口氣來，皇帝的手腕也早被揑出五個指頭印來。他忙將格里克召至臺上問：「你變的是什麼魔術？這兩個小半球，怎麼會有這麼大的吸力？」

「啓奏陛下，這小球上的力不是吸力，是空氣對它的壓力。」

「你知道這壓力有多大嗎？」

「按托里切利的計算，大氣對物體的壓力是每平方公分一公斤。這小球的截面積是半徑的平方乘上圓周率，等於一二五六平方公分，所以它身上的壓力就有一二五六公斤，每邊八匹馬，各要使出一百五十七公斤的力才能將拉開呢。」

皇帝聞聽半信半疑。他想了一會兒說：「這樣一個拳頭大的球就要受大氣的千斤壓力，那朕的皇宮不早就被壓垮了嗎？」

「陛下不用擔心。鐵球拉不開是因爲裡面抽成了眞空，只外面受壓力，陛下的皇宮高門大窗，空氣自由出入，自然不會眞空，上下壓力也就互相抵消了。」

「那我們這些人每天生活在大氣裡不也要被壓癟了嗎？」

「是的，我們一般人的身體面積約兩平方公尺，它晝夜不停地受著二萬公斤的壓力呢。可是陛下也不用擔心，我們有口鼻可以呼吸，所以肚子裡也決不會形成眞空的。」

皇帝聽到這裡才知道自己是一場虛驚，大可不必爲此擔心，臉上也有了輕鬆的笑容，嘉許道：「想不到你這個市長還知道這麼多新知識。」說罷又傳令擺酒，要借這明媚春光與格里克及臣子們痛飲一場。草地上又鼓樂齊奏，舞姿翩翩。

這正是：

人頭朝下隨地轉，人身受壓有萬斤。世代千年竟不知，只緣身在此事中。

註解

◎ 6. 實際上，格里克於 1654 年在皇帝斐迪南三世（Ferdinand III，西元 1608 年 ~ 1657 年）前進行此實驗，是以兩邊各 15 匹馬向外拉，且並未使真空的半球分離。

第二十二回 未能觀天窮底第谷氏臨終相托 盯住火星不放克卜勒出奇制勝

——克卜勒第一、第二定律的發現

前面說到伽利略為了天上那遙遠的星星竟被判刑受罪。其實在那茫茫星海的探索中，蒙受同樣遭遇的何止他一個。一六〇一年，在奧國的布拉格一座古堡裡正氣息奄奄地躺著一個人，他叫第谷．布拉赫◎1，丹麥人。十四歲那年，第谷正在哥本哈根大學讀書。這年天文學家預告八月二十一日將有日蝕發生，果然那天他看到了這個現象。他奇怪，那些天文學家何以能妙算如神，便決心去觀天，究其原因。他從小由伯父收養，老人原想讓他學法律，但是任性的他哪聽這些，每晚只睡幾個小時，其餘時間都在舉目夜空，直到天亮。

到十七歲時，他已發現了許多書本上記載的行星位置有錯誤，決心要繪製一份準確的星表。丹麥國王腓德烈二世◎2把離首都不遠的赫芬島撥給他，建造起一座當時世界上最先進的天文臺供他使用。二十年後新王即位，逼迫他離開了這座辛苦經營的基地。幸好一五九九年奧地利國王魯道夫◎3收留了他，並給他在布拉格又重修了一座天文臺，他才得以繼續自己的工作。第谷能言善辯，恃強好鬥。

年輕時他曾為一個數學問題的爭執與人相約決鬥，被對方一劍削掉了鼻子，所以不得不裝上一個金銀合金的假鼻子。別看他鼻子有傷，眼睛卻極好，二十多年來，他觀察各行星的位置誤差不超過零點六七度。就是數百年後有了現代儀器的我們也不能不驚歎他當時觀察的準確。

他一生的精力就是觀天，就是記錄星辰。但現在他再也不能爬起來工作了，因此急忙從德國招來一個青年繼承他的事業。這人叫克卜勒◎4，身體瘦弱，眼睛近視又散光，觀天自然很不合適，但是他有一個非常聰明的數學哲學頭腦。第谷在一五九六年就看到他出版的《宇宙的奧秘》一書，感到他是一個天才。

在這個古堡式的房間裡，當地擺著一個巨大的半圓軌道，軌上有可移動的準尺，對準對面牆上的洞眼。屋裡擺滿儀器，牆上是三張天體示意圖（托勒密體系、哥白尼體系和第谷體系）。

第谷老人費力地睜開眼睛，對守護在他身邊的克卜勒說：「我這一輩子沒有別的企求，就是想觀察記錄一千顆星，但是現在看來不可能了，我一共才記錄了七百五十顆。這些資料就全留給你吧，你要將它編成一張星表，以供後人使用。爲了感謝支持過我們的國王，這星表就以他的名字，尊敬的魯道夫來命名吧。」

第谷說著喘了口氣，看著周圍那陪伴他一生的儀器，還有牆上的圖表，又招了招手，讓克卜勒更湊近些：「不過你得答應我一件事，你看，這一百多年來人們對天體眾說紛紜，各有體系。我知道你也有你的體系，這個我都不管，但是你在編製星表和著書時，必須按照我的體系。」

克卜勒心中突然像有什麼東西敲擊了一下，但他還是含著眼淚答應了這個垂危老人的請求。老人又微微轉過頭對守在床邊的女婿滕納格爾◎5說：「我的遺產由你來處理，那些資料，你就全交給他吧。」說完便溘然長逝，屋裡一片靜默。克卜勒用手擦掉掛在腮邊的淚水。他從外地辛苦跋涉來拜見這位天文學偉人，才剛剛一年，想不到老師便辭他而去，哪能不潸然落淚。這時滕

註解

◎ 1. 第谷．布拉赫（西元 1546 年 ~ 1601 年）：Tycho Brahe。

◎ 2. 腓德烈二世（西元 1534 年 ~ 1588 年）：Frederick II，西元 1559 年 ~ 1588 年在位。

◎ 3. 魯道夫（西元 1552 年 ~ 1612 年）：Rudolf II。

◎ 4. 克卜勒（西元 1571 年 ~ 1630 年）：Johannes Kepler，。

◎ 5. 滕納格爾（西元 1576 年 ~ 1622 年）：Frans Tengnagel，1595 年起擔任第谷的助手，1601 年時娶第谷的女兒為妻。

納格爾卻突然轉身在那個大資料箱上「卡嚓」一聲上了一把鎖，便走出門外。

第谷一死，克卜勒本應實現諾言，著手《星表》的編製出版，但是當時連年戰爭，加之滕納格爾又爭名奪利，不交出全部資料，所以克卜勒只好暫停《星表》的編著，轉向了火星的研究。

無論是托勒密還是哥白尼，儘管體系不同，但都認爲星球是作著圓周運動。起初克卜勒自然也是這樣假設的。他將第谷留下的關於火星的資料，用圓周軌道來算，直算得頭昏眼花，心慌神煩，但是連算了幾個月還是毫無結果。

這天他的夫人走進房間，看到這些畫滿大小圓圈的紙片，氣得上去一把抓過，揉作一團，指著他的鼻子直嚷：「你自己是不準備過日子了，可是還有我們母女。自跟上你就沒過上一天舒心的日子，你每天晚上看星星，白天趴案頭，我窮得只剩下最後一條裙子，你還在夢想你的天體，天體。我早就說過，不要到布拉格來尋找這個老頭子。他這一死給你留下這個亂攤子，錢沒有錢，人沒有人，看你怎麼收拾。」說著便嗚嗚咽咽地抹起淚來。

克卜勒是個天性柔弱之人，很少會與人頂嘴，而且他也自覺對不住妻子。這女人本是個富有的寡婦，克卜勒娶她是爲能得點財產來補助研究的，不想分文沒有得上，反倒拖得她也成了貧家婦女。

克卜勒看了看桌上牆上那亂七八糟的樣子，無可奈何地哀歎了一聲，便提筆寫起來：「我預備征服瑪律斯（指火星），把它俘虜到我的星表中來，我已爲它準備了枷鎖。但是我忽然感到毫無把握。這個星空中狡黠的傢伙出乎意料地扯斷了我給它戴上的用方程式連成的枷鎖，從星表的囚籠中衝出來，逃往自由的宇宙空間去了。」克卜勒有一個好習慣：他常常及時將自己的研究進展、喜悅、苦惱記錄下來。這些可貴的記錄給我們留下了追溯它思路的線索，成了科學史上難得的第一手資料，這是後話。

卻說，火星越是從克卜勒的圓圈裡溜掉，克卜勒就越是不厭其煩地尋找新的圓圈。這天布拉格來了一位老翁，叫馬斯特林◎6，是克卜勒的恩師、摯友。當年克卜勒在圖賓根神學院臨畢業時，正是這位數學教師保舉他至格拉茨學校去教數學，使他從此離開神學步入了科學領域。多年來他們一直保持通信，探討天文、數學、物理。這次他遠道而來，見到克卜勒屋子裡許多亂七八糟的圓圈，便奇怪地問他：「朋友，我不知道你這些年到底在幹什麼？」

「我想弄清行星的軌道。」

「這個問題從托勒密到第谷，不是都毫無疑問了嗎？」

「不對，現在的軌道和第谷的資料還有八分之差。」

馬斯特林摸著一頭白髮不禁失聲叫了起來：「哎呀，八分，這是多麼小的一點啊。它只不過相當於鐘盤上秒針在零點零二秒的瞬間走過的一點角度。我的朋友，你面前是浩渺無窮的宇宙啊，難道連這一點誤差也要引起愁思？難道你就不懷疑第谷會記錯嗎？」

克卜勒雖然神色疲倦，但是口氣卻十分堅決地說：「是的。我已經查遍了第谷關於火星的資料，他二十多年如一日的觀察資料完全一致——火星軌道與圓周運動有八分之差。感謝上帝給了我這樣一位精通的觀測者。這八分決不敢忽視，我決心從這裡打開缺口，改革以往所有的體

註解

◎6. 馬斯特林（西元 1550 年～ 1631 年）：Michael Maestlin。

系。」

「既然第谷的那許多觀測都是對的，爲什麼他自己沒有對行星軌道提出懷疑？」

「老師，我對第谷的尊敬決不亞於對您。請容我直言一句：第谷是個富翁，但是他不懂得怎樣來正確地使用這些財富。」

正是：

搜求證據莫無邊，證據還須理來穿。縱然摸瓜百十千，不如抓住藤一端。

老師不說話，他想，幾年不見，克卜勒變得固執狂妄了。

妻子的反對，老師和朋友們的反對，周圍人的不理解，沒有使克卜勒動搖。他沒有像第谷那樣決心要研究一千個星，而他相信規律只有一個，便緊緊盯住了一個火星，解剖現象，探求規律。

他不僅是一個天文工作者，而且也是一個熱愛數學，又教過多年數學的人。幾何學要來幫天文學的忙了。克卜勒從那許多圓圈裡找到了蛛絲馬跡。古希臘的阿基米德就知道世界上不只是有一個圓，還有更複雜的圓錐曲線。克卜勒終於發現，火星的軌道不是圓，而是橢圓。他用這副籠頭去套那個火星烈馬，烈馬就範了。第谷的數據天衣無縫。這件天文史上劃時代的大事出現在西元一六〇五年。這個發現就是後來稱之爲克卜勒第二定律的橢圓定律。這之後，他還發現了第一定律：行星繞太陽作圓周運動在一定時間內掃過的面積相等，即等面積定律。

正是：

人說大海撈針難，更有撈針宇宙間，探微察變須認真，一洞進去是桃園。

爲甚麼一個看來很簡單的題目拖了千百年後才由克卜勒揭曉呢？尊敬的讀者，容我這裡補敘幾筆。圓有一個圓心，橢圓有兩個焦點。橢圓度（e）到底有多大全靠兩個焦點距離（焦距c）與橢圓的長直徑（長徑a）來決定。即e＝c/a，可以看出，當兩個焦點越來越近，直到重合時，c＝0，因此e＝0，橢圓就是圓。所以圓實際上是橢圓的特殊形式。

但是，茫茫宇宙中，行星繞太陽轉的那個無形的圈子e值是很小的，所以，以往的天文學家都把行星軌道當作圓來看待。這首先要感謝第谷那二十年來精確的觀測，還有克卜勒精明的計算。更幸運的是，他又正好選中火星這個典型來解剖，而火星恰是太陽系中橢圓度最大的星，這個天機終於被他看破了。

再說克卜勒發現了火星的橢圓軌道，眞是高興得如癲如狂。他立即寫信給他的恩師、老友馬斯特林。不想馬斯特林對他這一新發現置之不理，而歐洲其他有名的天文學家對他更是公開的嘲笑。

這讓他想起一個人來，就是義大利的伽利略。在伽利略最困難的時候，克卜勒曾寫信支持他說：「伽利略，鼓起勇氣，站出來！我估計歐洲重要的數學家中只有少數幾個會反對我們。眞理的力量無比強大。」◎7

而伽利略對他卻很冷淡，連信也不回一封，連他一再想要一架伽利略新發明的望遠鏡也沒有得到。而這同時，伽利略卻寫信給科斯特公爵，把他捧爲太陽，願去做他的宮廷數學家。

註解

◎7. 克卜勒此信於1597年所寫。

後人猜測，伽利略可能是忌妒他的發現。反正，伽利略的這種沉默成了科學史上的一個謎。克卜勒興沖沖地取得這個發現，又冷冰冰地碰了這許多壁，此後便閉門不出，一個人寫書起來。過了些日子，一本記錄有他的這個偉大發現的《新天文學》便完稿了。◎8

這天他將手稿裝訂好，放在案頭，像打了一個勝仗一樣高興。雖然家境日趨窮寒，他還是連呼妻子預備一點酒菜，要自我慶祝一番。妻子見他這樣，臉上也泛出一點笑意。正當全家人難得高興一會兒時，突然有人「當當當」叩了三下門。克卜勒連忙起身開門，門還未完全打開，他倒暗自叫起苦來，剛才做臉上的那點喜氣霎時也無蹤無影。來人也不與主人寒暄，進門走到桌旁大聲喊道：「克卜勒，你好大膽子，不經我的同意，你就敢偷偷出書？」

究竟來人是誰，且聽下回分解。

註解

◎8. 克卜勒的《新天文學》完稿於1605年。

第二十三回　智達宇宙有權立法束眾星
貧病一身無錢糊口死他鄉
——克卜勒第三定律的發現

上回說到克卜勒在第谷死後經過四年的辛苦研究，終於弄清了行星的橢圓軌道，剛寫成《新天文學》一書準備出版，突然有人闖進家來橫加干涉。來人正是第谷的女婿滕納格爾。他拿出當年第谷臨終時的話來要脅克卜勒，並以第谷遺產繼承人的身份提出：要出書，也得署上他的大名。克卜勒氣得半天說不出話來。他曾答應過第谷，以後寫書用老師的觀點。可是他現在的認識已比老師進步許多，怎好再後退回去？這樣一來，書只好不出。◎1

又拖了四年，直到一六○九年，雙方互相讓步，答應可以讓滕納格爾寫一篇文章放在書的正文前頁，這本書才算出版。在這篇文章裡，這個女婿對克卜勒的新體系進行了一番攻擊，大喊克卜勒對他岳父如何背叛。但是不管怎樣，書總算出了，作為現代天文學奠基石的克卜勒第一、第二定律也總算正式問世。

克卜勒在研究火星軌道問題時，心中無時不在惦念著第谷託付的《魯道夫行星表》。可是，整個國家政局不穩，宗教鬥爭嚴重，炮火連天，哀鴻遍野。克卜勒被迫離開首都布拉格，居住在多瑙河邊的一個叫林茨的小城裡，任數學教師。

這天早晨，他憑桌傍窗而坐，望著窗外多瑙河面上粼粼水波，不覺犯了愁思，直瞅著那河，像個木頭人似的呆坐了很久。過去是決沒有這種情況的，只要一靠近桌子，就像磁石見鐵一樣埋

註解

◎1. 此書主要的紛爭在於內容大多來自於第谷觀測的資料，而資料的所有權在第谷遺產繼承人上，第谷遺產繼承人因此與克卜勒產生糾紛。

頭寫作、計算，而近來他有說不出的煩躁和淒涼。他這個數學家已名存實亡。

他想起一六一一年——那個最使他辛酸的年頭。這年二月二十九日，他最心愛的小女兒夭折；三月二十四日，政變部隊擁進首都，他的靠山魯道夫皇帝不久身亡；七月八日，他的夫人去世……而新皇帝不喜歡他，他只好離開首都來到這個小地方。家破人亡，靠山倒臺，他的境遇十分艱難。

恩人魯道夫死了，但以他的名字命名的《星表》還未編成。他本想隱居此地埋頭整理《星表》，但是一六一八年開始了一場「三十年戰爭」。他的薪水總是一再欠拖。他窮得連一個助手也雇不起。現在第谷的那些資料，倒是都已在他的手中，那個總是搗亂的滕納格爾也家境敗落，自顧不暇，不再找他糾纏。

可是身無分文，連那個他視為知己的伽利略，近來也拒絕與他通信了……他這樣對著多瑙河想了一番心事，歎了幾口氣，也無可奈何，又提起筆，對著第谷留下的那一堆數字去動腦子。

行星是在作著橢圓運動，但是它們繞太陽一周到底要多少時間，為什麼有的快，有的慢呢？這茫茫宇宙是無法丈量的。

多病、窮困但又十分聰明的克卜勒想出了一個妙法，它將人們最熱悉的地球到太陽間的距離R定為一，地球繞太陽的公轉週期T是一年，這樣以此為標準，再換算其他行星的週期和距離，便得到這麼一堆數字：（見左頁表格）

他們之間到底有甚麼聯繫？克卜勒看來看去，這些數字四散在桌子上，它們之間就像多瑙河

行星	T	R
水星	0.241	0.387
火星	1.881	1.524
金星	0.615	0.723
木星	11.862	5.203
地球	1.000	1.000
土星	29.457	9.539

裡的魚，桌上的蠟與天花板上的塵土一般，看不出一點的聯繫。但是克卜勒堅信宇宙是一個和諧的整體。他和數學家畢達哥拉斯一樣，認爲世間一切物體都有一定的和諧的數量關係。於是他使將這一堆數字互加、互減、互乘、互除、自乘、自除，翻來倒去，想碰碰能否發現它們之間的規律。這樣變了一陣「幻方」，但終究還是亂麻一團。

大約有很多日子，他就這樣，一直在亂麻堆裡尋求和諧。現在出入書房送茶倒水侍候他的，自然已不是先前那位跟著他吃盡苦頭的貴族出身的夫人了，而是一位年齡與他相差甚大的少婦。原來，克卜勒的原配夫人死後，由於他的名望，立即有十一位姑娘來做他的夫人候選人。這個極講和諧的科學家選夫人卻也有趣。他自知自己瘦削，所以第一個高大強健的女子便被淘汰；第二個矮胖女人也不在入選之列；直到最後，他選了一位不高不矮，身體略瘦的木匠的女兒。他選結婚的日子，也很特殊，得在「天文學的精靈藏匿不見的月蝕那一天」。一六一三年十月三十日他們終於完婚（其實由於計算不準，這日子比月蝕晚兩天）。從此，在克卜勒絞盡腦汁追求天體和諧的日日夜夜裡，就是這位與他的體型、性格都和諧的年輕夫人服侍著他。

一天早晨，紅日照進書房，一夜沒有離開桌子的克卜勒正把頭埋在稿紙堆裡，夫人輕輕走了進來，先吹滅桌子的蠟燭，又伸手去推窗戶。突然克卜勒霍地從椅子上彈了起來，一把拉住夫人，「啊，我親愛的，我找見了，我發現了。感謝上帝將你賜給我，我們是這樣的和諧，宇宙是這樣的和諧。啊，發現了！弄清了！」他說著甩開夫人，自己上去一把推開窗戶．多瑙河上帶有霧氣的涼風吹了進來，拂動他蓬亂的頭髮。妻子以爲他累瘋了，忙喊：「克卜勒，親愛的，你怎麼了？」克卜勒甚麼也不說，忙將一張紙片遞給妻子，這張紙上是這樣幾行數字：（見上表）

行星	T	R	T^2	R^3
水星	0.241	0.387	0.058	0.058
金星	0.615	0.723	0.378	0.378
地球	1.000	1.000	1.000	1.000
火星	1.881	1.524	3.54	3.54
木星	11.862	5.203	140.7	140.7
土星	29.457	9.539	867.7	867.7

木匠的女兒自然不懂這些數字。但是現在我們卻可以看出最後兩列數字一模一樣。克卜勒做了那麼多加減乘除之後，終於碰著了天體上的一個電鈕，漆黑的宇宙在他的眼前忽然大放光彩。原來行星繞太陽運轉時，其運轉週期（T）的平方等於它與太陽間平均距離（R）的立方：$T^2=R^3$。

這就是後來所稱的「克卜勒第三定律」。這是一個天文史上極偉大的發現，克卜勒的「和諧」思想找到了根據，它說明太陽與其他行星決不是一室烏合之眾，而是一個極嚴密的系統——太陽系。

再說克卜勒的妻子將這張紙片拿在手裡正不知何意，卻見克卜勒不言不語，早伏在案頭，又奮筆寫起他的筆記：「……這正是我十六年以前就強烈希望探求的東西。我就是爲這個而同第谷合作……現在我終於揭示出它的眞相，認識到這一眞理，這已超出我的最美好的期望。大事告成，書已寫出，可能當代就有人讀它，也可能後世才有人讀它，甚至可能要等一個世紀才有讀者，就像上帝等了六千年才有信奉者一樣，這我就管不著了。」

正是：

耗盡心血流盡汗，踏破鐵鞋翻群山。十年求得一個數，浸卷稿紙喜若癲。

克卜勒寫完這段話，把筆一甩，拉著妻子，便推門向外跑去。陽光燦爛，清風徐徐，多瑙河波光粼粼。他驚訝地發現大自然這樣美好。多少年來，他一直是在黑洞洞的宇宙裡探索，今天才有空兒留心一下自己所生活的地球，所傍依多年的多瑙河。

克卜勒將他的「第三定律」等成果寫成一本書《世界的和諧》，於一六一九年出版。克卜勒發現的這三條定律可眞是非同小可，它使那雜亂的宇宙星空頓然井井有序，克卜勒自己也被後人譽爲天空立法者。爲了便於記憶這三條重要規律，單有一首打油詩唱道：

第一定律限面積，第二定律畫橢圓，週期半徑歸第三，天上從此再不亂。

發現第三定律後，克卜勒一生的最後目標便是趕快完成《星表》了。但是戰亂不斷，他只好離開林茨，坐船逆多瑙河而上來到雷根斯堡，然後將妻兒留在那裡，一人到烏爾姆組織印刷，後來又舉家遷到薩岡。

一六二七年，他將這本書的樣本送給皇帝。他在致皇帝的呈詞中這樣傾訴自己的辛酸：

「……經過二十六年的艱辛完成了奉獻給陛下的這部著作……，我能說些甚麼呢？我就像一個坐著一艘外國輪船的人一樣，船在哪兒靠岸我也只能在哪兒上岸。僅此而已，別無他求。」

一六二七年，這部《星表》終於開始印刷，但是克卜勒這時已經窮得揭不開鍋了。這天晚上，他把家人叫到一起，說：「我這一輩子研究天體，總算找到了他們的和諧關係，可地球上總是這樣亂哄哄的。我雖然有發現，有著作，可是現在卻沒有能養活你們的麵包。我這一生的研究就到此爲止了。明天一早，我就離開這裡到林茨去，去給你們尋飯吃。那是我生活了多年的地方，那裡的國會還欠我一大筆薪金，他們總不能這樣拖到我死才還吧。你們在家裡安心等著，我去些日子就會回來。」說完，他特別把他的女婿，也是他最信任的助手巴爾奇叫到跟前：「孩子，這是我過去寫的兩行詩，假如我死去不能再歸，就請用它做我的墓碑碑文吧。」

這兩行詩是：

我欲測天高，現在量地深。上天賜我靈魂，凡俗的肉體安睡在地下。

第二天全家人泣涕而別。十一月初，克卜勒到達雷根斯堡。三天後，他突然發燒，在大路旁的一間小旅館裡，這位會使天上的眾星都俯首聽命的偉人就這樣在孤獨和饑餓中死去。這天是西元一六三〇年十一月十五日。

第二十四回 千里投書億萬里外獵新星 百年假說一夜之間變成真

——海王星的發現

上回說到克卜勒以畢生精力剛弄清天體運動的規律，便窮途潦倒死於他鄉。當時人們已經逐漸發現太陽系有水、金、地、火、木、土六大行星。一七八一年三月十三日，赫歇爾◎1又發現了第七顆行星——天王星。人們將這些行星按照克卜勒的軌道一一擺開，倒也運轉得服服貼貼。各位讀者，前面我們講過，自從哥白尼一五四三年出版《天體運行論》，提出「日心說」以來，這新天文學經歷了許多苦難。布魯諾被焚身，伽利略被判刑，克卜勒又是這般下場。幾代人以血淚汗水和泥終於築成這座科學假設之大廈，嘔心瀝血，現在總算摸住了規律。他們的辛苦沒有白費，就是我這寫書人也在替他們感到無限的欣慰。

但是，到一八二一年有個法國人布瓦◎2，將一七八一年以來四十年的天王星資料進行了一番細細推算。這一算不得了，這天王星總也進不了克卜勒的軌道。他又將一七八一年以前的觀察資料（當時人們是將它錯當恆星記錄的）再算一遍，又是另一個軌道。

事情又過了十年即一八三〇年，有人將天王星的軌道再算一遍，卻又是第三種樣子。這下，已平靜二百來年的天文界又譁然起來，難道是哥白尼的假設、克卜勒的「立法」都錯了？如果不錯，那只有一種解釋，就是天王星外還有一顆未發現的新星通過引力在影響它的軌道。但是經過八十年的探索，卻杳無蹤影。你想，天王星距太陽約二十八億公里，繞太陽一周，要用

註解

◎1. 赫歇爾（西元 1738 年～西元 1822 年）：Frederick William Herschel。

◎2. 布瓦（西元 1767 年～西元 1843 年）：Alexis Bouvard。

八十四年，如果它的軌道外再有一顆星，找起來眞是大海撈針了。

十九世紀四〇年代，幾乎全世界的天文學家都在爲找這個暗藏的調皮鬼而絞盡腦汁。原來在宇宙中，這一顆星會對附近的另一顆星的運行軌道發生影響，這叫攝動◎3。根據克卜勒等人在理論上的發現，在當時對已知星計算攝動是不成問題的。現在要反過來，靠這麼一點點的攝動就要去推算那顆未知的新星，這裡面有許多的未知數，簡直無從下手。所以尋找這顆新星既像是要去抱一個金娃娃使人急不可待；又像是要去捉一隻虎，叫人想而生畏。

一時整個天文界，整個天文體系，都讓這顆星攪得心神不安。一八四六年九月二十三日，德國柏林天文臺的老臺長伽勒◎4正坐在自己的辦公室裡，侍者送進來一封信。此信是從法國寄來的，落款是一個陌生的名字：勒維耶◎5。是誰又來向他求教甚麼呢？可是當他仔細一讀，不覺大吃一驚：「尊敬的伽勒臺長：請你在今天晚上，將望遠鏡對準摩羯座δ星（中文壘壁陣四）之東約五度的地方，你就會發現一顆新星。它就是你日夜在尋找的那顆未知行星，它小圓面直徑約三角秒，運動速度每天後退六十九角秒。（一周等於三百六十度，一度等於六十角分，一角分等於六十角秒。）……」

滿頭銀髮的伽勒讀完信，不禁有點發愣。他心裡又驚又喜，是誰這麼大的口氣，難道他已觀察到這顆星？不可能，這個未出名的小人物不會有多麼好的觀察設備，可是他又怎麼敢預言得這麼具體？好不容易，伽勒和助手們熬到天黑，便忙將望遠鏡對準那個星區。果然發現一個亮點，和信中所說的位置相差不到一度。他眼睛緊貼望遠鏡，一直看了一個小時，這顆星果然後退了三角秒。「哎呀！」這回伽勒臺長跳了起來。那個陌生人竟預言得一角秒不差！大海裡的針終於撈到，伽勒和助手們狂呼著擁抱在一起。幾天後他們向全世界宣佈；又一顆新行星發現了！它的名字取做：海王星。

一個月後，伽勒匆匆趕到巴黎，按著地址找到一個實驗室裡，急切地要見那個叫勒維耶的寫信人。這裡，桌邊一位三十歲左右的小夥子羞澀地站起說：「如果我沒有猜錯，你就是從柏林來的伽勒先生，我就是給你寫信的勒維耶。」伽勒這回更加驚詫，萬沒料到指導他發現海王星的竟是這麼一個年輕人。他一下撲上去，和他緊緊地擁抱，然後迫不及待地說：「你太偉大了，太了不起了，請讓我參觀一下你的儀器，你的設備。」

小夥子還是羞澀地笑了笑，從抽屜裡取出一大本計算稿紙說：「我是用筆算出來的。」

「請您介紹一下您的演算法。」

「其實也沒有甚麼。我研究了一下其他行星與太陽的距離，木星、土星和天王星軌道的半徑差不多後一個都是前一個值的二倍，假設未知星半徑也是天王星的兩倍，列出方程式。算出的結果和觀察當然有誤差，經過修正，再算、再修正、再計算，逐步逼近。」

「算了多長時間？」

「我也記不清了，大概有好幾年。」

「就這樣直算到誤差小到一角秒？」

「嗯。」勒維耶又是羞澀地點了一下頭。

註解

◎ 3. 攝動是天文學專有名詞，用於描述一個天體的軌道因為與其他天體的重力場產 生交互作用而改變或偏離。。

◎ 4. 伽勒（西元 1812 年～西元 1910 年）：Johann Gottfried Galle。實際上，伽勒當時年僅 34 歲，在柏林天文臺工作，但並非臺長。

◎ 5. 勒維耶（西元 1811 年～西元 1811 年）：Urbain Jean Joseph Le Verrier。

「小夥子，有毅力。這顆星終於讓你摘去了。」伽勒仔細地審查了這堆稿紙：共三十三個方程式。這位老天文學家流淚了。他冒著寒風在星空下觀察了一輩子而不得其果，這個未出茅廬的小夥子卻用一支筆將結果精算於帷幄之中。科學的假設，科學的理論一旦建立，竟有如此偉大的神力啊！

正是：

大海拉網苦辦法，明人順藤來摸瓜。巧用理論去指南，豈肯盲人騎瞎馬。

發現海王星的消息傳開，英國皇家天文臺急急忙忙查找自己的資料，這時才發現正好也是一年前的九月裡就有個叫亞當斯◎6的青年計算出這顆新星的位置，並將結果轉告給臺長。但這位皇家臺長瞧不起這個二十六歲的無名小卒，根本沒有做認眞的觀察，以致在這場重要的競爭中，使法國人和德國人捷足先登（不過後來在科學史上倒也承認這海王星是他們兩家同時發現的，勒維耶和亞當斯也成了好友。他們後來分別擔任了巴黎天文台和劍橋大學天文臺的臺長）。

哥白尼、克卜勒的學說終因他們這一偉大的發現而站穩了腳跟。後來德國哲學家恩格斯曾說：「哥白尼的太陽系學說有三百年之久一直是一種假說，這個假說有百分之九十九，百分之九十九點九，百分之九十九點九九的可能性，但畢竟是一種假說，而當勒維耶從這個太陽系學說所提供的資料，不僅推算出一定還存在一個尚未知道的行星，而且還推算出這個行星在太空中的位置，再到後來伽勒確實發現了這個行星的時候，哥白尼的學說就被證實了。」

至此，天文學確實進入了一個新階段。

註解

◎6. 亞當斯（西元 1819 年～西元 1892 年）：John Couch Adams。

第二十五回　河邊一夢繁星點點指座標　船上一覺幾個數字縛海盜

——直角座標系的創立

上回說到一八四六年九月二十三日夜，柏林天文臺長伽勒靠著千里外一封來信的指點，順利地找見那顆全球天文學家都感到頭疼的海王星。這到底用的甚麼方法呢？要說清這事，還得再退回兩百二十六年前。

一六二〇年深秋，萊茵河畔的瑪律姆小鎮紮下一排軍用帳篷。入夜，萬籟俱寂，唯有秋風輕輕，雲破月來樹弄影。這時帳篷裡，一個年輕士兵翻來覆去怎麼也睡不著。他就是後來聞名於世的大哲學家、數學家笛卡兒◎1。

這年他二十四歲，正服軍役。說來好笑，笛卡兒一生有兩種怪癖，一是睡懶覺，二是旅遊。他出生在法國北部都蘭城的一個議員家庭。因從小體弱，很受家庭寵愛。後來上了學，校長見他瘦小而聰明，又礙著他父親的面子，便特許他早晨想甚麼時候起床就甚麼時候起床。想不到，這倒使他慢慢養成一個習慣：躺在被窩裡思考問題。這天晚上，在這個陌生的地方，他一時難以入睡。

多瑙河細碎的浪聲．天窗外點點的繁星，原野裡秋天枯草的香味，湊成一個美妙的環境。笛卡兒想著最近研究的幾何與代數的結合，眼前這些星星像豆子一樣，滿天亂撒，如果用數學方法，怎麼表示它們的位置呢？當然最好是畫一張圖。但這是幾何的方法。古埃及人在尼羅河邊丈

註解

◎1. 笛卡兒（西元 1596 年～西元 1650 年）：René Descartes。

量土地時就學會使用這個辦法了。但這紛亂的星空多麼複雜，就算畫出來，當你要指給人看一顆星時，還得拿出整個一張圖。可又有甚麼方法只用幾個數字就能標清它們的位置呢？他又想，自己隨軍到處奔波，前幾天還在多瑙河右岸，今晚又到左岸，時而在上游，時而在下游，要是給上級報告部隊的位置，該怎樣表示呢？……

笛卡兒正這樣躺在被窩裡做著研究，忽然門口傳來踏踏的腳步聲。排長查鋪了，他慌忙將被子往頭上一蒙，兩耳側起，聽著震動。可是奇怪，腳步聲到門口又折回去了。他猜想，一會兒還會回來，於是不再探頭，繼續進行圖與數的冥想。

過了一陣，果然排長又來了。他闖進帳篷，揭開被子，一把拉起笛卡兒向外拖去。笛卡兒想喊喊不出，想披件衣服，可手又被攥得緊緊的。等到走出帳外，排長才說：「你不是整日研究，想用數學來解釋自然和宇宙嗎？趁現在夜深人靜，這荒野曠地不會有誰偷聽，我告訴你個妙法，你要切切記在心中。」

說著，排長從身後抽出了兩支箭，拿在手裡搭成一個「十」字。箭頭一個朝上，一個朝右。他將十字舉過頭說：「你看，假如我們把天空的一部分看成一分平面，這個平面就分成四個部分。我這兩支箭能射無限遠，天上這麼多星，隨便那一顆，你只要向這兩支箭上分別引兩條垂直線，就會得出兩個數字，這位置就被表示得一清二楚了。」

笛卡兒說：「你慌慌張張地把我拉出來，我還當有甚麼新鮮玩藝兒。畫座標圖，古希臘人就會使用。現在最難的是那些抽象的負數，人看不見摸不著，顯示不出來就不好說服人。」

排長向笛卡兒肩上打了一拳哈哈笑道：「我說，你這麼聰明，怎麼這層窗紙就沒有捅破。你看，將這兩支箭的十字交叉處定爲零，向上向右是正數，向下向左不就是負數嗎？這烏爾姆鎮是交叉點，多瑙河上游是正，下游是負，右岸是正，左岸是負。我們行軍在鎮的東西南北，不是隨時就可用正負兩個數字表示出來嗎？」

笛卡兒高喊道：「這是個好主意！」他一下撲上前去想抓過箭來看看，不想排長忽地將箭往身後一藏，不悅道：「你就知道每天睡懶覺，自己不會去做一副嗎？」

說著便向河邊跑去，眼見到了岸邊，他竟踏水而過，如履平地。笛卡兒也一腳踏上水面，卻撲通一聲跌入河中，忙大喊救人。突然，他覺得屁股上重重挨了一腳，睜眼一看，帳篷裡已射進陽光。排長正站在他的身邊喊道：「你這個懶鬼，又不起床，還在做甚麼美夢！」

笛卡兒眨了眨眼，一骨碌爬起，雙手抓住排長的肩膀直搖：「你說甚麼？你剛才對我講了些甚麼？」排長罵道：「神經病！」又去催別人起床。笛卡兒卻像突然發了瘋似地從枕頭下抽出一個本子和半截鉛筆。他先畫了一條分隔號，標明爲y；又畫了一條橫線，標明爲x。在這兩條軸上又標出許多正負刻度，如夢中見到的一樣。外面集合的號聲答答地吹響，他慌亂套上衣服，提起槍便衝出帳外。傳說笛卡兒的座標系是這樣從夢中得來的，時間是一六二〇年十一月十日，地點是烏爾姆鎮（兩百六十年後愛因斯坦就誕生在這個小鎮上）。

再說笛卡兒當了一段兵後，漸漸覺得厭煩，便離開軍隊去遊歷德國、哥本哈根、波蘭等許多地方。這天在一個小港灣，他帶著僕人和一大箱書，登上一艘不大的荷蘭商船，準備回到祖國。笛卡兒躺在又窄又暗的艙裡，被昏沉沉地搖了一個晚上，早晨醒來身骨像散了架一樣，按照懶習慣他只是翻了個身，不想立刻起床。僕人可能到甲板上吹海風去了。突然隔壁有誰在說話。他將耳朵貼在木板縫上聽。原來，船長和船副在用荷蘭話密談。

船長說：「……客人中要數那個法國大兵了，你注意到他那只大箱子了吧？僕人扛時被壓彎了腰。」

船副說：「估計天黑前到卡斯島，上岸後就會有人接應。」

「噓——小聲點，那傢伙是當過兵的，漏了風不好對付。」

「不怕，我試探過了，他聽不懂荷蘭話。」

笛卡兒突然全明白了，他是上了海盜船。這可怎麼脫身？他先冷靜下來，腦子裡閃出卡斯島的位置。過去當兵時他會去過那裡，那是一座荒島，現在看來是他們的老窩了。他不敢有任何動靜，就在被子裡悄悄地掏出一個小小羅盤，測定了船現在的經緯度，眉頭一皺，腦海裡閃出一幅這一帶海域的座標圖。

根據經緯度在座標系裡的位置，他輕易的算出了卡斯島的距離。根據航速，船今晚無論如何也駛不到那裡，相反，沿途倒是有一個已有住人的小島。盤算已定，笛卡兒整天都躺在被窩裡裝著若無其事，只是僕人送到飯時，他才悄悄告訴僕人要做準備。

夕陽斜照，笛卡兒到甲板上散步。他悠閒地眺望天際。海面像一匹綠綢子柔和地飄向天邊，海鷗掠著浪花翻飛，時而倏地栽下來點一下水，又突然翻身衝向天空。他心裡在祝福，但願他的計算不會有錯。船長也來到甲板上。他先用含混不明的表情，掃了一眼笛卡兒腰間的佩劍，隨即用法語與笛卡兒交談起來，但同時焦急地搜視著海面。

笛卡兒心裡想：「你的島？至少後半夜再說吧！」遠方慢慢出現一個小島的輪廓。船長臉上顯出喜色，對笛卡兒說：「天氣眞熱！先生，我們靠岸島上少歇一會好嗎？」

笛卡兒也偷偷打量著這島：上面一片寂靜。他不由地心裡直打鼓：難道我算錯了嗎？漸漸島上的樹木、房屋現出來了，這是一座島，但不是那座荒島，上面有漁村，這是一座救命的島啊！

船靠岸了，船長向島上張望著，他一定在尋找來接應的同夥。大概他也發現不對勁，正在猶豫不定。這時笛卡兒卻大聲地笑著說：「船長先生，我們去喝一杯吧，我請客！」船長臉上努力裝出一種隨便的樣子，順著長長的木板走下船來。他的雙腳剛剛站到岩石上，忽聽後面「嗖」的一聲，一回頭，卻見笛卡兒右手的劍尖正頂著他的鼻尖，左手裡的一支手槍也瞄準了他的胸口。船長愣住了，只聽這個法國人用荷蘭話大聲喊著：「快命令你的水手把我的箱子送下岸來！先生，你下錯地方了！」

「哎呀！他原來會說荷蘭話啊！」船長心裡想，再一細看這個小島，山上有幾戶漁民，此外並沒有甚麼自己人前來接應。他頓時頭上滲出一片冷汗。

法國大兵的箱子送下來了，笛卡兒說：「船長，請看看我的金銀財寶吧。」打開一看，都是些書，還有一堆手稿，上面滿是彎彎曲曲的線條、數字。

笛卡兒哼了一聲，對又失望又恐慌的海盜船長說：「你大概沒想到吧，今天俘虜你的就是這些數字。天黑前你只能到這裡就擒，我給你計算得一點不差！」

這時，笛卡兒的僕人也在船上用火槍頂住了船副，並叫其他幾位乘客趕快下船。船長跪在岩石上，直求饒命。笛卡兒輕蔑地說道：「我不會讓你的血污了我的劍，不過以後再出來做海盜時，別忘記船上該雇個數學家！」

卻說這次笛卡兒歷險之後回到祖國，就將他在軍營裡，在車上、船上所思所想的東西整理成一本書，書中專有《幾何》一篇。他第一次將幾何和代數聯繫起來，創立了座標系，這樣，在座標系裡只要知道一個點，這個點的軌跡，不管它是直線、曲線、圓、橢圓，都可以通過相應的方程式精確地推出。這一下，變數進入數學、物理、化學、天文等領域，一切運動的過程都可以在這個座標系裡得到明瞭的綜合描述。正因爲有這一步，才有後來牛頓一系列的重大發現。所以，人們常說笛卡兒是牛頓的梯子。近代科學漸漸地就要迎來一個新高潮。

欲知後事如何，且聽下回分解。

第二十六回　無形學院研究無形物　科壇新人腳下有新路
——波以耳定律與化學科學的確立

上回說到那個笛卡兒終日冥思苦想，在數學上終於取得重大成就，創立了座標系。其實這人才高智廣，何止在數學領域，他對於物理、天文、生理、醫學、化學也都無所不通。

他認爲「世界是一本大書」，爲讀這本大書他終生不肯閒下來而遊歷各國，與當時歐洲的一些名士學者切磋學術。這天他又遊歷到英國的斯泰爾橋。不過這次他倒不是來討論甚麼學問，而是拜訪他的老朋友萊尼拉芙夫人◎1的。卻說他叩門入內，落座接茶。萊尼拉芙夫人見是老友光臨，早跑前跑後，又是取水果茶點，又是吩咐僕人備飯。笛卡兒仰坐在椅子裡仔細打量起朋友的住所來。這是一座漂亮的私人莊園。窗外紅樓綠樹，白木柵欄，室內牆上留看精細的浮雕：有鼓著雙翅的小天使，有嫻靜美麗的淑女。

這時外面地一陣羊叫，幾聲鞭響，他探頭一望，只見如血的夕陽從群羊的背上抹過，一團白雲紅霧飄過綠草青水，好一幅牧歸圖。他這個四海爲家終生飄零的人不由得頓生歸根之念，他下意識地摸摸自己斑白的鬢角，眞是學海無邊，何日是岸啊。自己要能有這樣一座莊園，讓他這只孤舟也能傍岸暫歇一時多好。這時萊尼拉芙夫人也已忙完，笑盈盈地坐在他對面，說：「怎麼，看上我這個世外莊園了？」

「是啊，這裡太清靜了。」

註解

◎1. 萊尼拉芙（西元 1615 年～西元 1691 年）：Viscountess Ranelagh。

笛卡兒話音未落，忽聽樓上腳步雜沓，人聲鼎沸，像是開會，又像是吵架。他剛才隱隱升起的閒適之感頓消雲外，忙問：「上面在幹甚麼？」

萊尼拉芙夫人無可奈何地一笑，說道：「世外莊園也不清靜啊，一群毛頭小子，整日議論甚麼世界，甚麼物質，一個個都想當你這麼大的科學家呢。」

不想這麼一說，笛卡兒倒忽然來了精神，旅途的疲勞一掃而光，說：「快領我上去看看。」萊尼拉芙夫人笑道：「你呀，天生是個跳不出苦海的人。」

他們上到二樓，一推門，只見七、八個年輕人，有的坐在桌子上，有的趴在沙發裡，還有的依在窗前，正指手劃腳，脖粗臉漲地辯論。桌上書本倒扣，紙張亂疊。他們見有陌生人進來才趕快打住話頭。萊尼拉芙夫人指著當地站著的一個二十來歲的小夥子說：「你還沒見過，這就是我的小弟弟波以耳◎2，這些都是他們組織裡的人。」又回過頭說：「你們也認識一下，這就是我的老朋友，你們常議論的大人物笛卡兒。」小夥子們不禁大吃一驚，喜悅得如遇著上帝下凡一般，一起圍了上來。笛卡兒說：「你們在議論甚麼？」

「還不是亞里斯多德老頭早就講的那個老問題，世界到底是甚麼。是水，是人？還是土，是氣？」他們亂哄哄地一齊回答。又有人補充道：「最近還流行甚麼『三原質』說，說是一切物質遇火都要分解成三種元素：硫磺、水銀、鹽。說木頭點著火後，火苗是硫磺，冒的煙是水銀氣，留下的灰是鹽。」

「這都是些胡說。」一扯到這個話題，波以耳又恢復了剛才咄咄逼人的架勢，忘記了面前新來的這位貴客，「物質遇火不一定都是分解，有時反倒是合成。如灰和沙子經火一燒倒成了玻璃。再說，就是那『三原質』也不是不可再分的東西。如他們的鹽裡就有鹼和酸。從亞里斯多德以來，人們總是在這些無形的東西上辯論來辯論去，其實眞正解決問題的方法還是要實驗，要一樣一樣地去試，這些無形的東西就可以看得見摸得看了。他們至少有三樣特點：形狀、大小和運動。」

笛卡兒在一旁聽著，覺得這些年輕人確實有膽有識，一切經過實驗，這不是培根提倡的方法嗎？他們敢於反對舊的經院式研究去闖自己的新路，便又問：「剛才聽說你們還有個組織，叫甚麼名字？」

「無形學院◎3。」

「甚麼意思？」

「我們自願結合到一起討論問題，無拘無束，無形無體，不就是無形學院嗎？」

笛卡兒聞聽哈哈大笑：「好，好，有意思，你們比牛津的那些學院並不差分毫啊，眞是後生可畏。」

再說這波以耳也眞是說到做到。他父親是一位保皇的伯爵，前不久在與克倫威爾革命軍作戰中剛剛陣亡◎4，留下了這筆家產。他就用這些錢在領地裡修起冶煉大鐵爐，買來瓶瓶罐罐，雇了工人、秘書。波以耳是個百科全書式的學者，物理、化學、生物、醫學、哲學、神學無所不愛，無所不去研究。這些實驗大都是由他精心設計，由別人去做，他分析記錄，研究規律，然後

註解

◎2. 波以耳（西元1627年～西元1691年）：Robert Boyle。

◎3. 無形學院：Invisible College。

◎4. 波以耳的父親是第一代科克伯爵理查·波義耳（Richard Boyle, 1st Earl of Cork），主管愛爾蘭的財政，於1643過世，未參加英國內戰，其死與克倫威爾並無關係。

口授論文。

這天他正在實驗室裡巡視，助手威廉報告剛從國外買來兩瓶鹽酸。波以耳說：「拿來讓我看看。」這時老花匠剛採了一大籃子紫羅蘭，紮成一束束正向各房間裡分插。波以耳聞著沁人心脾的芳香，看著那紫裡透藍的花瓣，不覺隨手從籃子裡抽了一束，拿在手裡一邊玩，一邊看威廉往一個燒瓶裡倒鹽酸。那淡黃色的液體一流出瓶口，便冒著滾滾的濃煙，緩緩地在瓶子周圍滾動。波以耳和助手都感到一陣刺鼻地難受，他忙用花束下意識地撲打了幾下，又把花舉到鼻下。等看過新買的鹽酸，他舉著花束又歡快地回到書房，這時花上還在冒著輕煙。多嬌好的花朵，不幸竟也沾上了鹽酸的飛沫。他趕忙將花浸到一個有水的玻璃盆裡，然後在地上一趟一趟地踱著步子，開始給秘書口授文章。

不知這樣走了第幾趟，他偶一抬頭，突然發現玻璃盆裡的花變成紅色的了，他以爲是玻璃與陽光的作用，忙上去一把抽出來。剛才這花明明還是藍殷殷的一瓣一瓣，怎麼轉眼就成了紅豔豔的一朵一朵？秘書聽他不說話，一抬頭見波以耳正在那裡對著一束水淋淋的鮮花發愣，他正要問話，波以耳卻大喊道：「快到花園裡去再採一大把紫羅蘭，還有藥草、苔鮮、五倍子，各種花草樹皮都採一點來。」

原來聰明的波以耳立即悟到是鹽酸使紫羅蘭變成紅色。那麼對其他花草會怎樣呢？他將各種花草製成浸液，然後用酸鹼一一去試，果然有的遇鹼變色，有的遇酸變色，而更有趣的是用石蕊苔鮮製成的一種紫色浸液卻是遇酸變紅，遇鹼變藍，一身兼二性，實在妙極了。他用這浸液將紙泡濕，然後再烘乾，以後遇到新的液體不知是酸是鹼，只要剪上一條這種試紙，投入液中，或紅或藍，酸鹼立判分曉。

正是：

有色有味紫羅蘭，任人品嗅任人看。一朝落入知己手，卻為化學來指南。

我們現在中學生在課堂上用的指示劑，原來就是這樣發明的。

卻說這波以耳發明了指示劑後就更認眞地要分出各種物質的特性。他早已不相信那關於水、土、氣、火是最簡單的物質的說法，而認爲世界走出一些最小的微粒組成，但是微粒是怎樣結合在一起，他又要親自來試一試。這天波以耳又和自己的新助手羅伯特・虎克◎5將一些不同的反應物放在一個U形管裡，管的一頭密封，再從另一頭加壓。

波以耳說：「我想壓力提高，這些微粒的結合就會更快。請將壓力平衡管提高，增大壓力一倍。」

虎克將壓力慢慢升高一陪，波以耳去看U形管的刻度，他驚奇地發現：氣體體積縮小了一半。他喊道：「再加大一倍。」體積又縮小了一半。這回他親自操作，壓力慢慢減少，當小到等於最初壓力時，氣體的體積也正好恢復到原來的大小。他立即揮筆在本子上記下一句話：

氣體的體積和它的壓力成反比。

這就是一六六二年所發現的著名波以耳定律。

現在波以耳手中已掌握了大量的實驗材料，於是他集中精力開始寫一本新書《懷疑派的化

註解

◎5. 羅伯特・虎克（西元 1635 年～ 1703 年）：Robert Hooke。

學家》◎6。他在這本書裡力排眾議，把過去認為化學就是煉金術，就是製藥之道，元素是四種或三種的說法批駁得體無完膚。他別指新路，認為化學應當說明化學過程和物質的結構，元素就是再不能分解的物質。

近代化學就這樣出現了，波以耳就是這樣從親自做實驗入手，積累了資料，又上升到理論著書立說。現在他暫時離開了燒瓶、熔爐，而每天以墨水紙張作伴。這天波以耳正專心致志地寫書，虎克突然慌慌忙忙地推門進來，高喊著：「好消息，好消息。波以耳先生，倫敦來信了！」

究竟倫敦來信帶來甚麼消息，且聽下回分解。

註解

◎6.《懷疑派的化學家》（The Sceptical Chymist）：實際上出版於1661年，比波以耳定律提出晚一年。

第二十七回 蘋果月亮天上地下一個樣 癡女傻男你東我西難成雙

——萬有引力定律的發現

上回說到波以耳正在家裡安心寫書，忽然虎克跑進來大喊有好消息。原來是倫敦來信，要成立皇家學會，請波以耳去主持。波以耳一聽也喜上眉梢，不久他便帶上虎克等前往倫敦。這無形學院眞的發展成一所有形的皇家學會了。近代科學浪潮滾滾，科學隊伍人才輩出，也實在需要一個組織將大家團結起來，這皇家學會集很多學術團體而成。

另一方面，當時在各學科研究領域已出現很多重要人物和重要的科學成就，如伽利略在力學上的發現，克卜勒對天空的立法，笛卡兒在數學上的發明……眞是各路英雄風雲際會，各個領域百花齊放，這時也實在需要一個更高的偉人出來，將這些新成果總結一番，歸納出一個解釋自然世界的總法則。說也奇怪，就剛好在伽利略逝世的一六四二年，牛頓◎1來到人間。

眞是天降大任於斯人，必先苦其心志，勞其筋骨。這牛頓未出娘腹，父親便去世；不到兩歲，母親又改嫁。在舅舅和外祖母的撫養下，他從小體弱多病。一六六一年六月，他以「減費生」身份考入劍橋大學三一學院。他比一般同學都大四、五歲，但他從小有個好習慣，就是愛親自動手做小機械之類的玩藝兒，手極巧。入學後遇著一個叫巴羅◎2的好老師的悉心栽培，這遲熟的牛頓茅塞頓開，學業進步很大，經常提出一些自然和數學方面的問題，使巴羅又驚又喜。誰知好景不長，學習不到三年，便發生了席捲全國的大瘟疫，倫敦在一六六五年一個夏天便死了二

註解

◎1. 牛頓（西元 1642 年～ 1726 年）：Isaac Newton。

◎2. 巴羅（西元 1630 年～ 1677 年）：Isaac Barrow。

萬多人。學校只好放假，牛頓捲著鋪蓋又回到老家沃爾斯索普村。

這時的牛頓腦子裡已裝了許多天文、數學知識，和當時在村裡割草鋤地時自然不同。他大部分時間用在閉門讀書上，或有時到田間、樹下仰頭作著誰也猜不透的冥想。好在離他家不遠住著一位斯托勒小姐，這是他青梅竹馬的女友。他倆常在一塊說話，倒也不算寂寞。

這天夜幕初降，晚餐過後，牛頓在自己的房間裡剛捧起伽利略的《對話》，忽聽窗外有風由遠及近，簌簌颯颯，搖著那些樹葉，奏起一陣秋聲。不一會兒「撲通」一下，輕輕地像有甚麼東西落在院裡，接著又是一下。

牛頓合上《對話》，披衣推門而出。院裡月光如水，落葉滿地，他在樹下踱著步子，想著剛才那聲音。忽然又是「撲通」一聲，一個東西擦著他的肩膀，跌落在自己的腳邊。他吃了一驚，忙蹲下一看，是一個熟透的蘋果，再向地上摸了摸，早落下有五、六個了。牛頓心裡一喜，將蘋果拾到衣襟裡，想：我現在我給斯托勒送去，讓她高興高興。自我回家以來，她常常給我送些果醬呀，草莓呀，我卻沒有回謝過人家。

牛頓蹲下拾蘋果時這樣想著，可是當他兜著衣襟直起身時，抬頭看見了那輪明月，不免又犯起尋思來：蘋果熟了就會落到地上，那月亮為甚麼不會落下來呢？再者，這蘋果為甚麼不會與月亮一樣，飄上天卻非要往地上落不可呢？為甚麼月亮繞著地球轉，也不會飛走？伽利略說，物體不管輕重落地時是一樣快的，這月亮與蘋果為甚麼不一樣？「月亮、蘋果……」

他這樣一路念叨著，不覺已走到斯托勒小姐家的門前。響聲驚動了小姐，她掀起窗簾，一看那個瘦高的身影，慌忙一陣風似地跑出來：「啊！親愛的，怎麼你來了？」她知道每天晚上牛頓是關門讀書的。牛頓笑了笑，捧出衣襟裡的蘋果。斯托勒想不到他還會這樣多情，忙將他請到屋裡，心頭高興得怦怦直跳。

她忙著又搬椅子又倒茶，而牛頓放下蘋果，轉身便走。斯托勒忙追上去：「好不容易來我家一趟，也不多坐一會兒？」

牛頓卻答非所問：「親愛的，外面月色正好，你說月亮爲甚麼不會掉下來？」

「唉呀！你又中甚麼邪了，每天盡和我說這些怪問題，我才不管呢！我只知道月亮下面我倆好散步。」

斯托勒格格地笑道。其實她是很喜歡聽牛頓講這些怪問題的，雖然她聽不懂，但能和他在一起心裡總覺得熱乎乎的。這時她將那隻溫柔的小手伸在牛頓的大手裡，牛頓不再說話，他們就這樣默默地走著，一會兒又回到牛頓家那棵蘋果樹下。牛頓這才如夢初醒，說：「斯托勒，我再送你回家吧。」

「你今晚這樣癡癡呆呆的，送走我，怕你也找不見家了。」斯托勒笑了笑，忙抽出手來，轉身疾走著回去了。

一連三天，牛頓沒有出門。他把在巴羅老師身邊學的知識全部調動出來，又翻出伽利略、克卜勒的書來。他每天睡得很晚，又起得很早，起床後常常是剛穿上一隻袖子，就拿起筆來伏案計算，直到外祖母來喊他吃午飯，才發覺衣服還未穿好。

他和前人不一樣，他們是靠觀察，靠測資料，而他覺得關鍵是要找出這些已知材料之間的聯繫。他要靠思考，靠數學推導來攻這個蘋果與月亮是不是一樣的難題。

他想那月亮繞地球飛行的速度 v（月）應該是它的繞地球軌道長（$2\pi r$）（這裡假設月球與地球的距離爲 r）除以繞地球週期（T），即 v（月）＝$2\pi r/T$）。月亮的向心加速度 a（月）＝（v（月））$^2/r$＝（$2\pi r/T$）$^2/r$＝0.0027公尺/秒平方（T=27.3天＝2.36×10^6秒，v＝3.8×10^8公尺/秒）。

這是天上的規律。那麼地球吸引蘋果呢？它的加速度就是自由落體加速度g＝9.8公尺/秒平方。根據克卜勒三定律可推出兩行星間的吸力與它們間的距離平方成反比。天上地下的規律一個樣，那麼這個比例是成立的a（月）/g＝（R/r）^{2}（R是地球半徑，即蘋果到地心距離；r是地球與月球間距離）。g=9.8 公尺/秒平方，r=60R，所以a（月）＝9.8×（1/60）^{2}＝0.0027公尺/秒平方。

妙極了，從不同的途徑推出了一樣的結果，這就證明天上地下，蘋果月亮原來一個樣啊。物體間都是一種同樣的吸力（F），其所以大小不同只是由於它們的質量和相互間的距離不同。$F=GMm/r^2$，G是常數，M和 m分別爲兩物體的質量，r是兩物體間的距離。這種力是不分天南海北，春夏秋冬，天上地下，到處都有的萬有引力啊。

正是：

事物彼和此，都有相似點。可貴在聯想，舉一可反三。

這天深夜，當牛頓呆坐在他那間房子裡，腦子裡頓時開了竅，他發現了宇宙。他眞不敢相信，從一五四三年哥白尼發表《天體運行》到一六四二年伽利略死，兩代巨人奮鬥了整整一百年；從第谷十七歲起在赫芬島一直不停地觀察星座，到他的學生克卜勒一六三〇年完成《星表》不久病死他鄉，多少人前仆後繼呀。

而他自己，這個才二十三歲的大學生，不過爲躲瘟疫，退居鄉下，竟因爲看到幾顆蘋果落地，就這樣幸運地窺見了宇宙的奧秘。他不敢相信這是眞的，他面對桌上紛亂的稿紙，抬頭眺望夜空，眞有點替伽利略可惜——你爲甚麼不願承認克卜勒的橢圓定律，再用你非凡的才智去計算一下呢？

還有克卜勒，你那開闊的思路囊括宇宙，檢索眾星，怎麼忘記將這地上之物也查一查呢？還有笛卡兒……啊，這許多巨人將肩膀支起，是等我來踩看攀登啊！上帝在那天晚上將蘋果摔落地上，是啓示我的啊！

和那些科學巨人比，牛頓眞覺得自己還是一個毛頭小孩，他也不敢一下子相信自己的發現（這原理直到二十二年後才正式公佈），只是這勝利鼓舞著他。他又終日伏案，將那些太陽、土星、木星一一地去作著推算。

再說，斯托勒幾天不見牛頓露面，心裡總覺空落落的，牛頓雖總有那樣一種傻氣，但她內心對他還是一片癡情。這天早晨，她從自家雞舍裡新收了十幾個雞蛋，用頭巾包著便來看望牛頓。

牛頓見她來了自然十分高興，便也離開書桌在床邊坐下，握著她的小手興奮地講著月亮和蘋果的關係，這回又說到數學計算，她自然更是難懂，不過還是依在他的身旁勉強聽著。一會兒大概牛頓自己也覺得沒有合適的聽眾，突然停下不說了，斯托勒倒眞願這樣和他一起安安靜靜地坐一會兒。她將身子更靠近他一些，臉卻不去看他。這時牛頓從桌上拿起一個木雕的大菸斗。

自從來到鄉下，他對鄉下人抽的這種菸斗很感興趣，舅舅特意雕一個送他。這時他手拿菸斗，腦子裡不知又在想著什麼。這樣靜坐了一會兒，斯托勒將一隻手伸向他，眼睛只管看著窗外，她等著他捧著她的手指去吻一下，想著，自己的手指就要觸著他那溫柔的嘴唇了。忽然她感到手指被擠得生疼，便不由尖叫了一聲，扭頭看時，牛頓將她的小指頭下意識地往那個大菸斗裡塡，眼睛卻不知看著哪裡。

她就大喊道：「伊薩克，難道你要把我的手指揉成菸葉嗎？」牛頓這才如夢初醒，紅著臉忙不迭地道歉。斯托勒又故意喊幾聲疼，笑了一陣。她看屋裡這個狼狽樣子，知道牛頓肯定還未吃早點，就去幫他生火。

這個小房間也眞夠亂了，塵土封窗，碎紙滿地，床上被子未疊，盆裡衣服未洗。斯托勒先一把推開窗戶，一股新鮮空氣撲面而來，她又打了一盆水去擦窗臺，這時火爐上的鍋已經開得嘩嘩直響。

她回過頭來，招呼一聲牛頓：「親愛的，我那頭巾裡包著雞蛋，請你煮到鍋裡去。」

「是，謝謝。」牛頓說了一聲，很認眞地站起，掀開鍋蓋，將雞蛋放入鍋裡。

過了一會，斯托勒一邊揉著衣服，又一邊說：「親愛的，熟蛋快熟了，你得先準備一碗涼水，才好撈出的。」

牛頓說：「是，應該的。」身子卻沒有動一下，還在紙上畫著什麼。

斯托勒看著他的背影不覺笑了起來：「你呀！沒人管準會餓死。」便起身拿了一把勺子到鍋裡去撈雞蛋。這一撈不要緊，她臉上的笑容頓然消失。她將牛頓推了一把，說：「先生，你就吃這個嗎？」牛頓一回頭，原來鍋裡煮的是懷錶！

這回，斯托勒可眞生氣了。她還是幫他收拾著房間，又重新煮了幾個雞蛋，但是卻一句話也不說。牛頓自知今天在女友面前出了這許多洋相，實在不體面，忙將桌上的書呀，紙呀，一起堆起，想，我今天眞該陪她坐一會兒才是。但是他無論說什麼，斯托勒美麗的臉上卻總泛不出一點笑容。他們就這樣默默地煮熟雞蛋，吃完。斯托勒拿起自己的頭巾，道了聲「再見！」便悄悄地離去。

第二天，小姐讓人送來一封短信：「親愛的，也許我與您的來往打擾了您的工作，也許您本來是屬於整個宇宙，不會屬於我。我想，我們要是在一起生活，說不定哪一天您也會將我錯當雞蛋煮到鍋裡。再見。」直到這時，牛頓才知道這個禍已是闖得不小，忙又是回信求情，又是當面謝罪。

到底斯托勒小姐態度如何？且等下回分解。

第二十八回 虎克妒賢皇家學會大失策 哈雷識貨又當伯樂又賺錢

——萬有引力定律的公佈

上回說到牛頓在家鄉一邊研究萬有引力，一邊與斯托勒小姐談戀愛，可是他對於科學未免太癡，以至於怠慢和惹惱了愛他的姑娘。他雖然想挽回局面，重敘舊情，但鏡已破碎，終難再回。這是牛頓的第一次戀愛，也是他一生的最後一次戀愛。以後他總認為自己是不善於戀愛和組織家庭的，所以終身未娶。

一六六七年，可怕的瘟疫剛消失，牛頓便重返校園，翌年獲碩士學位。不知是膽怯還是出於慎重，他對自己在鄉間從蘋果落地而得出的萬有引力定律，再未張揚。在這時，倫敦物理界的幾個優秀人物也在做同類研究。他們是虎克、波以耳、哈雷◎1，還有雷恩◎2等。這裡面虎克是當時皇家學會的負責人，又算當時物理界赫赫有名的權威、泰斗。哈雷，則迷戀於研究慧星。

一天，大家又湊到一塊，討論那令人傷腦筋的天體運行問題。雷恩拍拍手中一本價值四十先令的厚書說：「誰能把行星軌道證明出來，我願以這本書為酬謝。」

虎克說：「我想，我們居住的這一部分宇宙，太陽一定是有一種引力，將地球和其他星球吸引圍繞它旋轉。地球也有這種引力。」

「那麼，你能用數學方法具體地證明嗎？」哈雷急切地插問。虎克回答：「克卜勒定律不是已經講清楚了嗎？你為什麼要具體的證明呢？」

「虎克先生，你知道我正在研究那奇怪的彗星。他出沒無常，要能知道天體運行的計算方法，是多麼重要呀！」

「哈哈，原來如此。」虎克扭動來肥胖的身軀，看著這坐在對面此自己小二十一歲的年輕人，得意地說：「年輕人，這個證明我早已完成，但暫不拿出來。等那些不知天高地厚的人在這個問題上碰得頭破血流後，我才肯拿出自己的證明。」哈雷立時感到一種莫大的嘲諷，他忽地站了起來，大聲說道：「虎克先生，你指的是誰？」胡沒有想到對方這樣敏感，忙說：「請坐，請坐，哈雷先生，我指的當然不是你們。」

「虎克先生，請您珍重晚輩對您的尊敬。」哈雷說完便摔門而去。

哈雷當然知道虎克影射的不是他，而是牛頓。虎克和牛頓雖也常有學術來往，但已多年不和，事情是由光學研究引起的。一六七二年二月八日，牛頓在皇家學會上宣讀了《光和顏色的新理論》的論文，其觀點與虎克不同，這便首先結下了學術冤仇，兩人長期打了筆墨官司。後來牛頓又搞起蘋果和月亮的研究，這對冤家又在天文學的陣地上相遇。

年輕的哈雷看不慣虎克的蠻橫，便轉而求助於牛頓。一六八四年八月，在與虎克爭吵了七個月後，哈雷來到劍橋。在那間仍然是衣服、茶具與稿紙相混雜的房間裡，已身爲教授的牛頓拖著一雙掉到腳跟的襪子，起身迎接來訪的哈雷。這位不修邊幅的教授，待人卻溫和文雅。

「哈雷先生，您最近在研究些甚麼？」

「尊敬的牛頓教授，我最近在研究彗星。這種拖一條大尾巴的星星，一直是傳說的災星。

註解

◎ 1. 哈雷（西元 1656 年～ 1742 年）：Edmond Halley。

◎ 2. 雷恩（西元 1632 年～ 1723 年）：Christopher Wren。

一百五十多年前，韃靼人正在和基督教徒打仗，這顆星突然出現在天空，基督教徒就慌忙對天禱告：主啊，請快來解救我們吧。這以前，還有一次，英王赫羅德正與來犯的威廉姆霸王激戰，突然這星又出現在天空，赫羅德說：這是不祥之兆，怕要失敗了！部下聽言，便先失鬥志，果然他也軍敗身死。我現在也正被這顆災星纏得坐臥不安。一六八〇年我觀察到一顆，我懷疑它就是前幾次有記載的那一顆，這傢伙又轉回來了。但是，我無法計算它的軌道與週期，因此也不能確定它們是不是就是同一顆星。」

牛頓眨了眨那雙智慧的眼睛，微笑說：「這倒是一個很有趣的問題。」

這時哈雷激動地站起來：「我此行就是專門爲這件大事前來求教的，你說假如一顆星受到太陽的吸引，這引力是以與他們距離的平方成反比來遞減，它是以甚麼曲線運行呢？」

牛頓十分平靜地答出了兩個字：「橢圓。」

可是這種平靜反倒使哈雷大爲震驚。他大瞪眼睛問：「怎麼得出的？」

「算出來的。」牛頓的聲音還是那樣平靜。這時他在微積分方面的研究已在計算上大大幫了他的忙。

「這是眞的嗎？你知道虎克先生說他早已算出，不過不願公佈罷了。親愛的牛頓先生，快將你的證明給我，我要向皇家學會彙報，這是一件天大的事情啊。」

這年十二月，在哈雷的鼓動下，牛頓的《論運動》送到皇家學會，二年後公佈有萬有引力的巨著《自然哲學的數學原理》第一編也送到皇家學會。在審查這些論文的會上，牛頓與他的冤家不得不再次相見。虎克這次不是得意地嘲諷，而是暴跳如雷了，他指著牛頓說：「你這是剽竊我的成果，人家早已解決了的問題，你又來著書立說，眞是一種無恥的行徑。」

牛頓拍案而起，這個本來很溫和的教授，今天也控制不住自己：「你自己一事無成，卻好意思指責別人。我倒眞想剽竊一點東西，可是你那計算的手稿到如今也不敢拿出來，以致於我眞不知該到哪裡去剽竊。我不知一個只知吹牛撒謊的人，怎樣會混到這樣的身份。」

哈雷見事情已弄得很僵，慌忙起來圓場，他在倫敦與劍橋之間已穿梭多次做「紅娘」，今天能有這部書稿擺在案頭，已是成績不小了。他提議說：「我們還是討論一下這部書的出版問題吧。請學會能考慮撥一筆出版費，使這個《原理》儘快問世。」

虎克一聽火冒三丈：「對不起，皇家學會現在經費困難，拿不出一個先令來印甚麼原理。」說完夾起皮包轉身出門，臨到門口，又補了一句：「我宣佈，以後拒絕參加任何一次這樣的會議！」

牛頓也早已氣得發抖，他將手中的筆往桌上一摔，說：「算了！後面幾編我看也沒有必要再寫了。」

正是：

莫道政界仇難消，學界恨火卻更高。本是一致對自然，偏要你我見分曉。

幾個月後，哈雷又來到了劍橋大學牛頓那間雜亂的房間裡。一進門，他就大聲說：「牛頓先生，請您加快寫作，您的書可以出版了。」

「怎麼，皇家學會又有錢了？」

「不，用不到它的錢，我已借到一筆錢，以個人名義來出版這本書！」

牛頓看這個比自己小十四歲的年輕天文學家，一時不知說甚麼才好。他從小孤苦伶仃，頓覺面前的哈雷就像自己的小兄弟一般，忙喊僕人快去拿酒，又摟著哈雷的肩膀在沙發上坐下。哈雷也趕快取出特地為他帶來的資料，說：「牛頓先生，你看，這是格林威治天文臺新測的月球與地球距離的資料，這是巴黎天文臺最新測得的地球子午線資料……」

「啊，好極了，好極了。有了這些，我們的推導、計算就可以更精確了。」牛頓將這些資料捧在懷裡，也不問問哈雷一路是否辛苦，就像餓漢搶麵包一樣地翻閱起來。哈雷也不介意，他接過僕人送來的酒杯，斜靠在沙發上，慢慢地呷味。忽然他的目光停在門下角的兩個一大一小的洞口上，再一看對面通向臥室的那扇門上也有兩個。

他用手碰碰牛頓問道：「牛頓先生，為甚麼每扇門下都要開兩個一大一小的洞呢？」牛頓將目光從資料堆裡移過來看了看門，很認真地解釋道：「噢，哈雷先生，你知道我有一隻漂亮的大花貓。為了能讓它自由出入，我在門上開了一個大一點的洞，可是最近它又生下一窩小貓，於是，我又讓僕人再在旁邊開了一個小洞。」

哈雷不聽猶可，這一聽，笑得前仰後合，杯子裡的酒也差一點酒到地下。牛頓很詫異，忙問為何發笑。哈雷說：「尊敬的牛頓教授，蘋果和月亮都能同享一個你發現的萬有引力，難道你開的那個大一點的洞，就只許大貓走，而不許小貓走嗎？」

牛頓聽完不覺自己也哈哈大笑起來，隨即將資料放到桌上說：「先吃飯，吃飯。」兩人手挽著手向餐室走去。

一六八七年夏天，這部科學史上劃時代的巨著《自然哲學的數學原理》終於由哈雷的主持和資助出版了。牛頓對哈雷的幫助非常感激，他在書的前言中特別寫了一段：「艾德蒙·哈雷，是目光敏銳，博學多才的學者，爲本書的出版付出了艱辛的勞動。他不僅爲勘誤和製版操勞，而且從根本上來說，他也是鼓動我撰寫本書的人。因爲正是他要我論證天體軌道的形狀，正是他要我把這項論證呈報皇家學會。」

《原理》剛剛出版就被搶購一空，以後又接連再版三次（但是牛頓的《光學》一書硬是等到虎克死後的第二年，即一七〇四年才正式出版），這本書的問世可以與歐幾里得的《幾何》，伽利略的《對話》媲美。許多人爭相購買，有人買不到書，竟將這五百頁的巨著親手來抄一遍。人們狂熱地希望弄懂牛頓提出的新道理。有一位貴族問牛頓：「要讀懂這本書，是不是一定要懂數學？」牛頓答：「除此外，別無他法。」這位貴族立即花錢雇了一位數學教師。《原理》熱一時遍及歐洲。

哈雷出版這本書，原是出於一種對科學事業的正義感。但是他萬萬沒有想到書會這樣暢銷，因此，作爲發行人的他也賺了一大筆錢。到底賺了多少，這自然是他一個不便公佈的秘密。

第二十九回　門縫裡牛頓玩弄三稜鏡　小旅店歌德細看少女郎

——顏色本質的第一次突破

上回說到牛頓發現萬有引力定律，出版了《自然哲學的數學原理》一書，這實在是物理學上的一件大事。殊不知這牛頓渾身才華，猶如大壩水滿，渠水四溢，這智慧之水又從光學處衝開一個決口，奔湧而出。

原來，在顏色問題上，千百年來一直有一個難解的謎。那太陽光誰看也說是白的，可不知怎麼雨後的天空會突然出現一條七色彩虹。於是眾說紛紜，有說這是一條長龍彎身下海吸水；有言這是一座彩橋，仙人踏空而過；有那剛登王位的，就說這是吉兆，上天呈祥；有那寶座不穩的，就疑是江山氣數已盡，終日惶惶。反正誰也說不清。中國古代已注意到虹是陽光與水珠的變幻。甲骨文裡虹是「日」加「水」，唐代張志和的《玄員子》中記載：「昔日噴乎，水成虹霓之狀。」端一碗水背向太陽一噴，眼前竟也能現出一條多彩小鍊。但這噴出的霓，伸手抓是一把濕氣，想多看一會兒又瞬間即逝，既不能抓在手裡玩，更不能用力將它剖開，終還是弄不清這顏色是怎麼來的。至於平時紅的花，綠的葉，五顏六色的雜物，人們更不知到底是怎麼回事。

前面提到的那個法國數學家笛卡兒說：顏色是許多小粒子在轉，轉速不同，顏色也就不同。化學家波以耳說：光是有許多極小粒子向我們的眼睛視網膜上撞，撞的速度不同，看到的顏色也就不同。反正，為解這個謎有不少人都想來試一試，而運氣最好的，還是牛頓。

一六六六年，牛頓還在劍橋大學當窮學生時，他腦海裡就翻騰過這個顏色問題。說來眞巧，他在鄉下，因看到蘋果落地發現萬有引力，回到學校，卻又因看到門縫裡的光而解決了光學中的顏色問題。那是個假日，同學們都去郊遊，刻苦的牛頓卻將自己鎖在房中，推演著那引力的公式。不覺日已當午，他饑腸轆轆，便推開稿紙，抬起頭來伸個懶腰，這一抬頭不要緊，只見緊閉的門縫裡露進一縷細細的陽光，在幽暗的房間裡顯得格外明亮。他不由自語道：「從來沒有見過這樣細的光絲，不知可否將它再分成幾縷？」這樣想著，他便伸手從抽屜裡摸出一塊三稜鏡，迎上去截住那絲細光，然後又回過頭去看這光落在牆上的影子。

這一看不要緊，那牆上竟出現一段紅、橙、黃、綠、青、藍、紫的彩色光帶。他將鏡子轉轉，光帶不變，再前後移動，終於選出一個最佳點，這一下天上的彩虹便清楚地出現在他的肩裡。三稜鏡就像抓住了那條巨龍的尾巴，任他細看細想。從這天起，牛頓一有空，就把自己關在房子裡，還把門窗都用床單遮掩，放一道光進來，做著這種玩三稜鏡的遊戲。他已經悄悄地領悟到一個秘密：我們平時看到的白光，其實不是一色白，它是由許多光混合成的。但是那各個單色又是甚麼呢？它們之間靠甚麼區別成不同顏色呢？按道理應將那單色光再分一次，但這還得要一塊三稜鏡，還得有暗室設備，他這個窮學生是辦不到的。

前面說過，牛頓在劍橋大學有一位恩師叫巴羅，他們生尊師愛，情同魚水，結下了忘年之交。這巴羅幾日不見牛頓出來走動，一天走到房裡來找牛頓。他見門虛掩著，屋裡靜悄悄的不像有人，便推門而進。不想一頭正撞在一個人身上。巴羅剛從陽光下走進這間暗屋裡，他一時看不清是誰，只聽有人喊了他一聲「老師」，將他扶住，又一把扯下窗戶上的床單——原來是牛頓。巴羅說：「你又在搞甚麼名堂，幾天不露面，我還以爲你病了呢。」

牛頓卻笑嘻嘻地如此這般說了一遍。巴羅也大爲驚喜，連聲埋怨他何不早說。第二天，他就給牛頓又弄來一塊三稜鏡，佈置起一個眞正的暗室。他們先讓一束光穿過一個黑色木板上的小孔，用三稜鏡將它分成七條不同的彩色光，再用一個有孔的木板擋住分解後的光，讓每條單色光逐一從孔裡通過，木板後再放一個三稜鏡。這時新的發現出現在粉牆上：一是這單色光通過三稜鏡時不會再分解，二是各色光束經過三稜鏡時折射的角度不同。憑著數學天才和實踐才能，牛頓很快就計算出紅、綠、藍三色光的折射指數。這一實驗不久，一六六九年底牛頓便接替巴羅老師，開始在劍橋大學向學生們開設光學課了。可惜學生們聽不大懂他在講些什麼。

一六七二年二月六日，牛頓向皇家學會寫了一封詳細的信《光和顏色的新理論》，歸納了十三個命題。他指出：我們平常看見的白光不過是發光體發出的各種顏色光的混合。白光可以分解成從紅到紫的七色光譜。一切自然物體的顏色是因爲它們對光的反射性能不同。對哪一種光反射得更多些，就是那種顏色。按這個理論，虹的問題解決了，它不過是白光讓空中的水滴（相當於三稜鏡）分成七色而已。物體的顏色不同不過是因爲各自的反射性能不同。這又是一大發現。牛頓並因此而創立了光譜理論。說到顏色，各位讀者，容我這裡插上一筆，這個問題在當時，從十七至十九世紀的一、二百年間實在是一個難題，也是一個熱門題。

比牛頓晚一些的還有一位大名鼎鼎的人物——德國詩人歌德◎1，他以詩人的氣質，到處靠眼睛去觀察各種顏色。冬季爬上陰森寒冷的山頂，看落日熔金，積雪變紅；黃昏走進小鐵鋪，看鐵匠的大錘下金黃的火星炸開和漸漸裡攏來的夜幕。他像一個獵人到處獵取各種顏色奇觀，分析各種顏色現象。甚至見了臉白唇紅的少女也要盯住研究一番，使人奇怪這個快六十歲的老頭兒是否正常。在他的《色彩學》◎2裡就有這樣一節記載：

有一天，我走進一個小旅館的房間裡，一個美豔的少女向我走來。她的臉色潔白而有光澤，頭髮烏黑，身上穿一件緋紅色的緊身衣裙。當她在距我稍遠的地段站定時，我在微暗的黃昏光線下對她注視了一會。她離開時，我在對面的白色牆上，看到一個被發亮的光暈包圍著的黑色臉龐。那件裹著極其苗條體型的衣裙，竟是美麗的海水綠色。

歌德的研究進入另一個領域，他已經提出了視覺生理上的補色問題。我們看的實物突然從紅的波段過渡到白的混合波段時，視神經系統不能一下適應，曾在中間綠波段上停一會兒。這正符合牛頓的光譜學說。但可惜牛頓的弟子們極力嘲笑歌德老頭兒的非實驗室研究。所以後人都同情這位詩人在科學上費力不討好的遭遇。

這段插曲說過，還說牛頓向皇家學會送上的那封信後。皇家學會立即成立了一個專門評議委員會來評議這個新理論的價值。眞是冤家路窄；這個委員會主席，又是在學術上與牛頓不和的虎克。虹的現象，顏色現象，就算牛頓說清楚了，但光本身，不管紅光還是綠光，本質又是甚麼？牛頓也有他的看法，說光就是一些高速運動的粒子，它能按直線前進，碰到物體過不去，就投下了影子；鏡子能反射光，是因爲那些小粒子碰到鏡面就彈了回來。

註解

◎ 1. 歌德（西元 1749 年 ~ 1832 年）：Johann Wolfgang von Goethe。

◎ 2.《色彩學》（Theory of Colours）：發表於 1810 年。

但是虎克卻很乾脆地否定了牛頓的微粒說，而提出振動說，就是連白光中包括了其它顏色這一點虎克也不承認。他們兩人的怨恨越結越大。牛頓想：你不承認我的微粒說，由你去吧，反正我是對的。他這樣安慰著自己，也就不再去生這份閒氣。但沒過多久，一條爆炸性消息又使他大爲吃驚。

一六七八年荷蘭人惠更斯◎3又提出一個「波動說」。這個惠更斯著實厲害，但他不像虎克那樣蠻橫，卻以冷靜的分析卡住了牛頓微粒說的咽喉：你不是說光是小粒子嗎？那麼兩束光交叉時，那些小粒子爲甚麼互不干擾？而波動說卻能解釋：因爲波是不會相互干擾的，我們常見的水面上兩個波就可以交叉通過。虎克等人也覺得這下子可來了生力軍，高興得忘乎所以。

牛頓急忙起而申辯：你們說光是波，那爲甚麼它不能像水波那樣繞開障礙物前進呢？虎克又來駁難：你說光都是一樣的粒子，爲甚麼不同顏色的光在同一物體中卻有不同的折射角度呢？

正是：

公說公有理，婆說婆有理。是波是粒子，難分高和低。

牛頓這人在科學發現上算是運氣不錯，一個接一個，個個順利。但好事多磨，他與別人的爭論也一個接一個，個個難纏。從此，物理學上便開始了一場粒子說和波動說的大爭論，一爭就是一個世紀。

到底結果如何，且聽下面慢慢分解。

註解

◎3. 惠更斯（西元1629年～1695年）：Christiaan Huygens。

第三十回　崇上帝巨人甘心當僕人　入歧途半生聰明半生愚

——神是第一推動的妄說

話說牛頓由於在光學和引力方面的成就，立即使他名噪歐洲，成了科學界的一顆新星。他本想一鼓作氣再完成一系列的課題，但九十年代初卻出現了使他最難過的歲月。由於爲《自然哲學的數學原理》的寫作付出了巨大的勞動，他的身體漸漸不支，患了嚴重的憂鬱症。他又不斷因科學發明權而與人打官司；在光學問題上與虎克爭吵，在天文方面與格林威治天文臺長弗拉姆斯蒂德◎1鬧翻了，在微積分的發明權上更是與萊布尼茲◎2鬧得全歐洲都議論紛紛。

不久他的母親去世，更使他心痛欲絕。他長期在學校教書，工資不高，又不會管理生活。工作、學術、生活絞成一團亂麻，眞使他傷透了腦筋。他早沒有心思再看一頁書，整天在那間雜亂的工作室裡坐立不安，若有所失。這天，正當他又心神不寧時，僕人送進一封信來。他忙拆開，先看信後的落款，是財政部長查理斯．蒙塔吉◎3。這人比牛頓小十八歲，也是三一學院的學生，但早就混入了官場，今天突然來信有甚麼大事？只見信是這樣寫的：

先生：

我非常高興，因為我終於能對我們的友誼以及國王的賞識，給你一個良好的證明。造幣廠督辦歐佛頓被任命為海關督辦，國王已應允我任命牛頓先生為造幣廠督辦。這個職位對你最合適，是造幣廠的主管，年俸約有五、六百英鎊，而且事情不太多，不必費心照料……

註解

◎1. 弗拉姆斯蒂德（西元 1646 年～ 1719 年）：John Flamsteed。

◎2. 萊布尼茲（西元 1646 年～ 1716 年）：Gottfried Wilhelm Leibniz。

◎3. 查理斯．蒙塔吉（西元 1661 年～ 1715 年）：Charles Montagu。

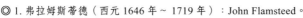

這眞是瞌睡給了個枕頭，牛頓立即走馬上任。一六九六年三月二十九日，他連家也搬到了倫敦。三年後他又正式升任爲造幣廠廠長。

倫敦這個地方是歐洲最大的都會，當然與那安靜的劍橋學府又自不同。牛頓在這裡整天交結宮廷權貴，參與政界、財界大事，忙忙碌碌，好不熱鬧。而且自從升任廠長後，他的年薪又漲高到二千英磅，他現在已經一躍而爲大富翁了。他住的房子富麗堂皇，而且常有貴人登門，他也再不好那樣邋遢，於是便把他的侄女凱薩琳．巴頓◎4接來，專門給他料理家務。由於《原理》一出版即已供不應求，牛頓又請了一位年輕的數學家羅傑．科茨◎5來做他的助手，準備二版書的出版。他在這個新地方又開始了新的工作秩序。

這天哈雷來看望牛頓。自從牛頓來到倫敦後，他們的來往就更密切了。他進門時看見牛頓斜靠在那張大圈椅裡，正在向對面的科茨口授《原理》二版的序言。他見哈雷進來，欠起身子，示意請坐，又喊凱薩琳倒茶，然後繼續說下去：

「我只是通過上帝對萬物的最聰明和最巧妙的安排以及最終的原因，才對上帝有所認識。我因爲他至善至美而欽佩他，因爲他統治萬物，我們是他的僕人而敬畏他，崇拜他……」

哈雷不願打斷他們的工作，悄悄坐到桌旁，翻看一些文稿，拿起牛頓剛起草好的一篇關於過去的科學發現備忘錄：

在一六六五年開始，我發現計算逼近級數的方法……，同年五月間我發現了計算切線的方法……，十一月間發現了微分計算法。這一年裡我還開始想到重力是作用在月球的軌道的，於是我把月球保持在它軌道上的力和地球表面上的重力作了比較，發現它們近似相等。所有這些發現都是在一六六五至一六六六年的鼠疫年代裡作出的，因為在那些年代裡我最年輕力壯，對發明的興趣也很濃厚。在此以後，任何時期我都更致力於數學和哲學的研究。

哈雷看著這個備忘錄，聽著牛頓口授的序文，兩兩相比很覺得不是滋味。二十三歲時的牛頓是初生牛犢，月亮，太陽，整個宇宙都敢去探索，而現在這個七十三歲的牛頓，卻將自己一生的發現又都還給了上帝，而且連他自己也已匍匐在上帝的腳下，做了一名最順從的僕人。他又順手翻翻桌子上的文稿都是：「關於上帝在七天中創造世界的考證」，「關於聖父、聖子、聖靈三位一體的研究」，「關於聖經史和自然史年表的一致性」……。

他突然覺得自己現在像是坐在一座神學院裡或是一座教堂裡，牛頓口授文章的喃喃聲，像一個主教在誦讀聖經，又像一個教徒在祈禱，不覺打了一個寒噤。可是眼前分明是他尊敬的牛頓教授，他們一同研究彗星、出版《原理》的朋友啊。哈雷的心裡不由升起一種惆悵之情。

一會兒牛頓口授完了序文便熱情地招呼哈雷坐近一點，他永遠不能忘記哈雷對他的幫助。哈雷猶豫了一會兒，終於怯生生地提出他剛才思考的問題：「先生，你近來主要研究些甚麼？」

「研究神學。你知道，我們這個世界的完美，全靠神的擺佈。我研究自然規律，越到後來，越發現一切都可以在上帝那裡找到答案。他早就為我們安排好了，我的一切工作都不過是聖經裡的一個小小的注解。」

「先生，你的萬有引力不是把世界已經解釋得很清楚了嗎？眾星，還有世間的物體不是都按

註解

◎ 4. 凱薩琳・巴頓（西元 1679 年～ 1739 年）：Catherine Barton。

◎ 5. 羅傑·科茨（西元 1682 年～ 1716 年）：Roger Cotes。

著這些規律和諧相處嗎？」

「這引力是它們維持現在的運動軌道的力，但它們一開始怎麼轉起來的呢？我想這第一推動力就是上帝，是上帝推了一下，這個世界才動起來。所以我現在正集中精力考證聖經上說的年代，考證上帝創造世界的時間。」

「先生，你知道，你的《原理》揭示了宇宙的奧秘，將哥白尼、伽利略、克卜勒都包容了進去。現在大家都在拚命地研究這本書，可以說，你給人們打開了一個新的世界，全歐洲都在崇拜你，尊敬你，你應該再給大家多指出一些規律……」

牛頓還不等他說完，突然從圈椅上直起身子，正襟危坐，以責備的目光看著這個晚輩：「哈雷先生，怎麼能這樣說呢？我們的一切工作只能是更好地證明上帝創造的世界。我是上帝的僕人，我們大家都應該崇拜和尊敬上帝。」說完，用手在胸前劃了個十字。哈雷趕忙下意識地正了正身子，好像牛頓對神的崇拜對比出他對神的褻瀆。他感到一種無形的威嚴向他壓來，不覺垂下眼瞼，看著自己的雙手。一會兒他又小心地問道：「先生這樣虔誠，爲甚麼當初在三一學院畢業時不接受神職呢？」

「這正是出於對上帝的崇拜與敬仰。我選擇自然哲學，就是要用自然哲學的思維去證明神的存在。你知道，他們那些神職人員是不能完成這個工作的。」

哈雷無話可說了。喝了一會兒茶，他知趣地起身告辭。在走廊上他叫住凱薩琳問道：「你舅舅近來脾氣怎樣？」凱薩琳手裡端著盤子，將嘴湊到哈雷耳邊說：「越來越固執了，誰的話也聽不進去。每天來訪的都是些神父、主教。」說完匆匆走了。剛才牛頓的那些話使哈雷心裡沉甸甸的。他百思不得其解，這個科學巨人，他的朋友，他的師長，正當他在對自然的宣戰中取得如此顯赫的成果，全歐洲都在羨慕他，以他爲旗手、爲偶像時，而他自己怎麼一下子又帶著這全部的戰利品，全部的榮譽去甘心投靠上帝，去作一名僕人，作一名小卒呢？

這確是一場悲劇。後來德國哲學家恩格斯有一句名言替哈雷回答了這個問題：「哥白尼在這一時期的開始給神學寫了挑戰書，牛頓卻以關於神的第一推動的假設，結束了這個時期。」

牛頓的晚年除了寫他那有一百五十萬字的神學巨著外，就是享受非凡的榮譽。一七〇三年十一月三十日，他被選爲皇家學會會長，連續擔任這個職務近四分之一個世紀。一七〇五年，他被封爲貴族。

一七二七年二月二十八日，牛頓以八十五歲高齡在倫敦剛剛主持了皇家學會的一次會議，突然膽結石症發作，一陣酸痛昏迷過去。整整一天一夜，他才睜開那雙疲倦的眼睛，汗水將他兩鬢的白髮濕成一團。他看看周圍，守在床邊的有他的侄女凱薩琳；有他忠實的朋友，《原理》第一版的出版助手哈雷；有《原理》第二版出版的助手，一位年輕的醫生亨利·彭伯頓◎6。他突然喊道：「科茨呢？他爲甚麼不在？」

哈雷見他被疼痛折磨成這個樣子，眼眶裡早已噙著兩汪淚水，又見他問起科茨，便知他的神態已不太清楚了。可憐的科茨，在一七一六年年紀輕輕就不幸離開了人世，所以才調彭伯頓來繼任出版助手的。這時牛頓也已清醒過來，便不再問甚麼，只是緊緊地閉上眼睛，眼縫裡滲出兩行

註解

◎6. 亨利·彭伯頓（西元 1694 年～ 1771 年）：Henry Pemberton。實際上，彭柏頓是牛頓《原理》第三版（1726 年）的責任編輯，與第二版（1713 年）無關。

渾濁的淚水。凱薩琳一下撲在舅舅的身上，不停地嗚咽著。

牛頓伸出他那雙青筋突起，上面佈滿由於化學實驗造成傷痕的手，撫著凱薩琳的肩，睜開眼。他看看哈雷和彭伯頓，聲音不大但很清晰地說：「是的，我該走了，連科茨他都先走了，我還留在這裡幹甚麼？我本來就是上帝的僕人，早該回到他的身邊。這一生，我爲自然哲學，爲我們至高無上的上帝盡了一點義務。我不知道世人將對我如何評價，不過我自己覺得我只不過像一個孩子，在海濱嬉戲，不時拾起一塊較光滑些的石子，一個較美麗的貝殼，高興地賞玩，至於眞理的大海，則在我的面前遠遠未被發現呢。」

一七二七年三月二十日，牛頓病逝，享年八十五歲。英國政府爲他進行了國葬。他睡進了只有英國歷史上最著名的藝術家、學者、政治家、元帥才配安息的地方。他死後四年，人們爲他立了雄偉的墓碑，並列了這樣一段銘文：

伊薩克·牛頓爵士安葬在這裡。他以近於超人的智力第一個證明了行星的運動與形狀，彗星的軌道，海洋的潮汐。他孜孜不倦地研究光線的各種不同的曲折角，顏色所生成的種種性質。對於自然、考古和聖經，他是一個勤勉、敏銳和忠實的詮釋者。在他的哲學中確認上帝的尊嚴，並在他的舉止中表現了福音的純樸。讓人類歡呼曾經存在過這樣偉大的一位人類之光。

牛頓便這樣在科學與神學的混合中結束了自己的一生。這顆巨星殞落之後，近代科學的舞臺上又有哪些人物登場，且聽以後慢慢分解。

第三十一回　兄妹齊心探遙夜　歌舞妙手擷新星

——天王星的發現

上回說到在天文學領域作出重大貢獻的牛頓不幸去世，一顆巨星殞落。但是後繼有人，一個叫赫歇爾◎1的德國人緊步他的足跡，又不斷開闢出天文學的新領域。

這赫歇爾從小極負有音樂天才，他家境貧困，十五歲便在軍樂隊任職，吹拉彈唱無一不會，尤其是吹得一手好雙簧管，其聲昂揚時響遏行雲，婉轉時如泣如訴。許多樂團都搶著要這個少年演奏家，求之不得。但是由於德國戰亂，到十八歲那年赫歇爾便又隻身流亡英國，在一個樂團裡以演奏風琴為業，很快他就譽滿倫敦。只要他在臺上左手拉動風箱，右手打起琴鍵時，全場聽眾就感到那風箱裡擠出的音符像都鑽到了自己的血管裡，全身讓這風琴煽得激動不已，腳尖不由地打著拍節。到高潮時，狂熱的觀眾就一起擊掌伴奏或乾脆引吭高歌。讀者或許要問這赫歇爾哪來這手好功夫，能使他的觀眾神魂顛倒到這般田地。你或許有所不知，大凡從事某種技藝都有兩個階段，一日模仿，二日創造。有的人只能停在第一階段，將別人教給的技藝練得純熟，就像學著畫圓圈，再好也是個圓而已。但有的人很快就不能滿足於此，必得精通其中規律，再探新路，他熟中有巧，巧中有變，變而後新，新而後創，就獨闢蹊徑與眾不同了。這赫歇爾雖是愛好樂器，但他不止於會吹會拉，他還要鑽研樂器的結構：弦的長短之比，管的粗細之別，孔的大小之分；他還要研究樂理：聲音的高低，音域的寬窄，和聲的共鳴與和諧。這便要用到數學知識，於是赫

註解

◎1. 赫歇爾（西元 1738 年～ 1822 年）：Frederick William Herschel。

歐爾便又由此闖入了數學領域，他得了數學這個武器再去指導演奏，音色、音高便精確得不差分厘，那美妙的樂聲按摩著聽眾的耳鼓，梳理著他們的神經，鼓蕩著他們的感情，自然使人如坐春風了。

但是數學這東西卻不是只管音樂的，它是一門與其他一切學科都密切有關的學問，就如一個許多條路輻輳交叉的中心點，只要往這裡一站，條條大道都在眼前。像牛頓當年得了數學之精妙便立即在力學、光學、天文等方面打開局面一樣，赫歇爾今天得了數學方法，哪肯再偏安於音樂一隅？他立即將視線轉向浩渺的天空，決心要計算出天上到底有多少個星星。但是談何容易！觀察需要望遠鏡，需要儀器，還需要時間，誰來白白養活他這個業餘天文愛好者？於是赫歇爾就只好繼續去演出，但這已不是他所願意的職業了，只是為了賺取一點微薄的收入以便進行自己的天文研究。他就這樣節衣縮食開始了自己艱苦的科學征程。

卻說一天下午赫歇爾坐在自己的房間裡背門迎窗，正整理著這幾天的觀察資料。晚上是演出，後半夜觀星，上午是排練，一天之中就這一會兒時間還可坐下來專心思考一點問題。這時門吱扭一聲走進一個人來。

赫歇爾有個習慣，只要一工作起來就伏案不起，他是故意將桌子背門面窗而擺的，一般人推門進來，若他這般專心，也就自覺掩門而去：要是熟人進來取什麼樂器也聽自便，他不用分心抬頭答話。今天的來人推開門後好像並不急著進來，先在門口小停片刻，然後輕手輕腳地邁向桌子，赫歇爾覺得有點異常，但也沒回頭，只問了一聲：「誰？」話音未落，只覺得一雙手突然從後面摟過他的肩膀，他正要起立，那雙手將他的肩膀按了一下，又很快蒙上了他的眼睛。

是誰開這個玩笑呢？他用手一摸是一雙柔嫩纖細的女性的手，不覺大吃一驚。赫歇爾一人漂泊在國外，潛心治學，既無妻室家小，也無女友，他正詫異間，只聽一串銀鈴似的笑聲，眼上的雙手也隨即移開。他一回頭，一位漂亮的姑娘出現在眼前。姑娘興奮地高喊一聲：「哥哥！」便一頭撲在他的懷裡。

「卡羅琳◎2，原來是你。來，讓哥哥好好看看你。」

他雙手扶著卡羅琳的肩，把她推遠一點。只見卡羅琳著一件修長瀟脫的滾邊連衣裙，腰間一根絲帶輕輕一束又飄飄垂下。那寬寬的衣領翻在胸前，露出緊身的胸衣和一條金色的項鍊。大約是行了遠路的緣故，她腮邊的紅雲還未退盡，深藍的眼睛裡又放出新奇的光芒，一雙酒窩裡盈盈地貯滿一汪笑意。她向後退了兩步，身姿婀娜，體態輕盈，轉身時那寬寬的長袖一掃，這間破敗的陋室裡霎時捲起一陣春風。赫歇爾想不到離家五、六年妹妹已經出落成這般模樣，他高興地喊道：「卡羅琳，你眞像一位女神！」可是他突然像想起什麼，正色問道：「卡羅琳，你這樣跋山涉水地遠道而來，一定有什麼大事吧？」

「是，有一件大事，一件我思考已久，最後才決定的大事。」卡羅琳認眞地說著，但說完又調皮地眨了眨眼睛。

「到底什麼事？」

「來追隨哥哥，研究天文，實現理想。」

註解

◎2. 卡羅琳（西元 1750 年～ 1848 年）：Caroline Lucretia Hersche。

本來已經坐下的赫歇爾呼地一下站了起來：「這麼大的事，爸爸媽媽會同意嗎？」

「他們本來不同意，但我就每天在他們的耳邊念叨，後來我又加倍幹活，我一口氣織了一筐襪子，全家人十年也穿不完的，他們的心軟了，就放我出來了。」◎3

「不行！你還要回去。你根本不知道，天文學是一個最吃苦，最吃人的學科。茫茫的宇宙以光年來計距離，可我們現在連離開地球一步都不可能，土星繞太陽一周就要二十九年，可我們的全部生命也只不過七、八十年。人生之於天體是多麼渺小，多麼短暫。以第谷那樣優秀的天文學家直到死也未能如願觀察夠一千個星而抱恨辭世，以哈雷那樣幸運的人，雖發現了哈雷慧星，但也未能再見它一面。這還是些治學有方，已功彪於世的偉人。這其間更不知又有多少默默無聞的天文工作者，一生一世受著寒夜的折磨，在迷亂的星陣裡摸索，到了一事無成。所以我說天文是一門吃人的科學，誰要沾上它的邊便要準備犧牲。成功的希望實在太渺茫了。大概也正因如此吧，這個領域從來是女子不敢涉足的地方。卡羅琳，你聽說過從前有哪一位女天文學家呢？所以我勸你還是不要來跟我吃苦冒險。」

「哥哥，這些我都知道。但是你要明白，我一個女孩子，要麼就每天在家裡織襪子，等著出嫁；要麼自己去闖一條求學的路，但是學校裡又不收女子。而且我仔細想過，到哪裡去找您這樣的老師呢？我最佩服您的聰明、博學和勤奮刻苦。我也衡量過自己，還不是那種不可造就之才，我自信自己的聰明和毅力，但是現在缺乏導師，缺乏督促，缺乏研究的陣地。我怕自己再過幾年還不走上一條軌道，就連這點才氣和決心也要萎縮，也要消耗光了。今天我來跟您吃苦正是爲了找更好地成長，而且您一個人這樣苦幹也需要一個助手啊。」

「卡羅琳，我瞭解自己的妹妹，也相信你的才氣，可是眼下我窮得只有一架手風琴，這裡既不是大學也不是天文臺，你不用說研究，怕連生活也難以維持啊。」

卡羅琳看哥哥的態度有一點轉機立即興奮地上去搖著他的手說：「您忘了我的金嗓子嗎？我到你們樂團裡當一名歌手，至少可以養活自己。您從小就訓練我唱歌，現在不正好是用武之時嗎？」

「好吧，先試一段再說，不行你就趕快回到父母身邊去。」

「您放心，您的妹妹從來還沒有走過回頭路呢。」

卡羅琳從此就留在哥哥身邊。她比赫歇爾小十二歲，懷著十分崇敬的心情向哥哥求教天文、數學知識，又仔細地照顧他的生活。

閒話少敘，話說卡羅琳一來倫敦就是幾年，整日臺上唱歌糊口，回家操持家務，晚上還要觀察記錄。由於生活過得充實，雖苦一些倒也樂在其中。但是有一件事在卡羅琳心裡存了很久，就是哥哥已經三十五歲，卻還不娶親◎4，而且身體也越來越不好，她想問個究竟，但當妹妹的不該管這種事，所以幾次話到嘴邊終未出口。這天晚飯後，兄妹桌邊閒坐。她看看哥哥疲憊的面容和滿臉的鬍鬚終於鼓足勇氣說道：「哥哥，有一件事作妹妹的不知該不該問。您今年已經三十五歲，也該有個嫂子來照顧您的生活了。我在劇場裡留心到，您那架裡面藏著一個妖魔的風琴不知把多少漂亮姑娘煽得心慌臉熱，坐立不穩，她們向您狂呼，向您頻頻投送秋波，但是您都無動於

註解

◎3. 實際上，卡羅琳離開家至英國與赫歇爾一起生活時（1772 年），父親伊薩克已經過世五年，

◎4. 赫歇爾一直到 50 歲（1788 年）才結婚。

衷。哥哥，您成一個家吧，您需要家庭的溫暖，您需要有一個賢慧的女子來做您的好內助。」

赫歇爾好像早就料到妹妹會提這個問題，他淡淡一笑說：「家庭幸福：誰不嚮往？但是出類拔萃的人是得不到這種幸福的。我們既自信可以去做常人不敢做的事，也就不再希冀得到這種常人的幸福。因爲他是以時間和精力爲代價的。卡羅琳，你不記得克卜勒嗎？他爲了妻兒付出了多少時間與精力，最後是爲給家人討一點錢，而餓病交加死在外鄉的路上。我沒有克卜勒的才智，更不敢再去背這個家庭的包袱。我現在最缺的是時間，但這種東西是無法向別人借的，只有兩個辦法，一是砍掉與研究工作無關的事，這當然也包括組織家庭，把分散的時間攏回來；二是，抓緊工作，儘量往前趕，把前面的時間抓過來，因爲過去的時間是無法再利用了。當然這樣趕身體是要苦一些，也許這是生命的提前支出，但是對於萬有引力的發現來說，二十三歲的牛頓和八十五歲的牛頓又有什麼區別呢？人，不過是一團血肉的軀體，只有當他作出創造時，他才會區別於只知吃喝消耗的動物，才有了靈魂，才有了價值，而不必管他是男是女，是老是小，我們現在不顧一切地追求著的，正是這種創造啊。」

卡羅琳聽著哥哥這番激動的演說，好像又回到那天初次來倫敦，兄妹見面的日子。她覺得自己並沒有完全理解了哥哥的胸懷。她也被這種理想主義和犧牲精神深深打動了，便激動地站起來握著哥哥的手說：

「哥哥，我的才能不及你的十分之一，但上帝給予我的時間也許比您的還多，這眞不公平。假如生命眞能通過轉讓和饋贈而延續的話，我寧願現在我死去。但是還有一個辦法，親愛的哥哥，我發誓將永不結婚，一直陪伴著您。我也要省下那些因家庭而耗費掉的時間並送給您。讓我們共同去追求那個偉大的目標。」

赫歇爾一向知道卡羅琳的頑強，忙激動地說：「不，妹妹，你正是一朵含苞的花，怎麼能有這個想法呢？」

「您不要說了，我主意已定。今天晚上沒有演出，我們趕快去觀察記錄吧。」

說罷，他們兄妹倆人爬上房頂的小平臺。這裡擺著一些簡單的天文儀器。原來當時人們只看見夜空中一條銀河，但是並不能解釋這種現象。赫歇爾決心弄清這條大河裡所有的星星。

他先買來了望遠鏡，但根本不能發現什麼，他就自己磨鏡片，製大型望遠鏡。他一輩子親自磨出四百多塊鏡片，最大的直徑竟達一點二二公尺，小演奏員成了一代製鏡宗師。為了弄清天上到底有多少顆星星，他把天空分成六百三十八個天區，一個區一個區地數，記錄下來，標在圖上，共數了十一萬七千六百顆。可以想見這是一項多麼艱巨的工作。兄妹倆人這時上得房來又開始仰天數星。河漢茫茫，遙夜沉沉，城裡人家的燈火也都漸漸熄去，微弱的星光之下唯有這一對頑強的兄妹在蒼茫的星海裡仔細地捕撈著什麼。這時已交初冬，又是半夜，寒風吹過，鑽領入袖，不要說手把著冰冷的儀器，就是袖手縮頭在屋頂上站一會兒也手僵足麻寒冷難忍。

赫歇爾舉鏡觀察片刻便隨手拿起筆到小桌上的瓶子去蘸墨水，不想硬梆梆地蘸不上一點水來。他喊道：「卡羅琳，瓶裡沒有墨水。」卡羅琳拿起瓶子一看，墨水已經凍成冰塊。她將瓶子一把抓過掖在懷裡說：「你先觀察，它一會兒就會還原成水的。」赫歇爾握著妹妹的手感到就像一塊冰，而且上面還有一些橫七豎八的裂口，他突然感到一陣心酸內疚，猛地把這雙小手摟向自己懷裡，一邊說：「實在叫你吃苦了，媽媽在家裡要知道這種情況，還不知道該怎麼責備我呢。」

正是：

友愛支持與諒解，苦鬥更需有溫情。莫道遙夜涼如水，兄妹情熱可化冰。

卻說赫歇爾兄妹無論怎樣擠時間研究天文，但演出還是必須參加的。因爲這是他們生活和研究費用的唯一來源。而且他們兄妹的演技早已聞名全城，一次不出場那些狂熱的歌迷便感十分掃興，必得向樂團老闆問個究竟。全城人只知有一對能拉能唱能舞的兄妹，卻還不知他們在下臺卸裝之後的艱辛。歲月流逝，赫歇爾已是四十出頭的人，冬去春來，大地又回復了他的溫馨。

這天晚上樂團在露天舉辦了一次音樂會。四周綠樹如屛，層樓櫛比，仰望藍天如鏡，星似明眸，正是一天工餘人們消遣的好時光。這天卡羅琳一連唱了三首歌，台下掌聲不絕，哪肯放她回去。她只好喘息片刻，喝口水潤潤嗓子，然後換了一條純黑拖地長裙，輕移蓮步踱到台前，下面早起了一陣掌聲。她頷首一笑算是答謝，然後凝神屛氣，隨著樂聲輕起，將目光射向深邃的夜空。這時觀眾才注意到卡羅琳的這身裝束，裙衣左上方別一枚星狀胸飾，閃閃發光，此外便再無什麼佩戴。只是那裙子格外合身，倒顯示出她本來的神韻。

這時燈光一照，卡羅琳更顯得粉面桃腮，燦若春花。她佇立台前任樂聲在身前身後徐徐飄蕩，醞釀情感，靜如芙蓉獨立秋水。而作爲伴奏的赫歇爾今天也特殊，換了一身黑色禮服，雪白的手套，紫色的領結，胸前手風琴也早換成肩上的小提琴。卡羅琳還未啓齒，他的琴聲早已繞樹三匝，飄落座席，令聽者迴腸盪氣了。這時卡羅琳也輕舉雙臂，漫舒寬袖，且舞且歌道：

天上的群星啊，請聽我唱一支歌。你可知道，我每天都在把你眺望，對你訴說。

夏夜的微風啊，吹動我的衣裙。我遙望天河，河漢淡淡，從我心裡流過。秋夜的薄露啊，從我的腳下飄過。我登高仰望，看星光閃爍，心靈深處亮起了一盞盞燈火。

對著夜空啊，通過暮色，我暗暗思量：我是否也該發一點光，發一點熱，獻給養育我的祖國。

對著群星啊，對著銀河，我捫心自問：人生是否也該激起一點浪，濺起一點波，留給那滾滾不息的歷史長河。

卡羅琳的歌聲委婉動情，飄天入地，與這清風明月夜渾然一體。歌聲飄蕩，滿座悄然無聲，人們都沉浸在歌聲的意境之中。片刻，掌聲突起，觀眾將鮮花、手絹、帽子一起拋向臺上，內中有知道這對兄妹生活拮据還獻身天文事業的就互相傳告，於是也有人把大把的錢拋向臺上。卡羅琳兩眼含著熱淚向大家再三致謝，然後拾起一束鮮花返身一頭撲在哥哥懷裡。

這天晚上演出結束後兄妹倆人照例稍事休息又上房觀星。他們還沉浸在今天演出成功的幸福中，一邊擺弄著望遠鏡，一邊議論著。赫歇爾說：「卡羅琳，我眞不知道，你什麼時候寫這的這首歌詞？」

「晚上一邊看星星，一邊就這麼想，早就藏在心裡了。」

「看來我們的卡羅琳不但是天文學家還是文學家呢。」

「我不要那麼多家，我只要我的星星。」

他們正這樣你一言我一語地說著。突然赫歇爾大聲喊道：

「來了。一個陌生客闖進了我的望遠鏡，卡羅琳，你快來看。」

卡羅琳將眼睛貼在鏡筒上，真的看到一顆過去從來沒有見過的星，它行動遲緩，發光微弱，如果不細心是很容易忽略過的。卡羅琳說：

「哥哥，也許這是一個很遠很遠處的恆星吧？」

「這好辦，如果是恆星，距離遙遠，無論用多大的望遠鏡看，它的體積也應該是一樣大才對。」

赫歇爾說著立即把他的十八般兵器都搬了出來。他先用能放大兩百七十倍的望遠鏡，再換上放大四百六十倍的望遠鏡，這星體積有所增大，他又換上能放大九百三十倍的望遠鏡，這星體積又更大了。看來不是恆星，但會不會是彗星呢？不會，因為連續觀察並沒有發現它的長尾巴。

赫歇爾禁不住心裡突突直跳，難道這會是太陽系裡除金、木、水、火、土、地球以外的又一顆新星嗎？難道像克卜勒，像哈雷，像牛頓，這發現的機遇今天也輪到我的頭上了嗎？

赫歇爾一把拉過妹妹的手說：「是美妙的歌聲感動了天神。我們成功了，就在今天晚上！」

卡羅琳覺得哥哥的手滾燙，在劇烈地顫抖。她也十分激動，忙記下這個不速之客。這一天是一七八一年三月十三日。他們根據國王喬治三世的名字將它命名為喬治星。後來德國柏林天文臺長為了表示對他們兄妹的敬意又重將此星命名為天神烏拉納斯（天王星）。

天王星發現了！它距太陽約二十八億公里，繞太陽公轉一周要八十四年，這樣太陽系的範圍一下就擴大了一倍。不僅如此，經過觀察，赫歇爾還第一個提出了銀河系的模型，得出了銀河系有限、銀河系內恆星可數的結論。他正確地解釋了銀河系是一塊凸透鏡狀的圓盤，太陽系處於其中，我們沿透鏡的長軸看去，全是燦爛的星星，沿兩邊的短軸看去，星星稀疏，露出了背後的黑色空間。所以我們看到的銀河就呈帶狀。赫歇爾的偉大發現使他一舉成名，英王喬治任命他為皇室天文學家，年俸二百英鎊。他們兄妹再也不用靠賣唱來接濟天文研究了。卡羅琳更加勤奮地協助哥哥工作，後來也多有發現，成了一位偉大的女天文學家。她遵守自己的諾言，終身未嫁，一直活到九十八歲，在八十五歲時作為第一個女會員，破格被英國皇家天文學會接收入會。

正是：

莫道女子無天才，最怕明珠甘自埋。只要心比男兒烈，終教鬚眉拜裙釵。

第三十二回　窮夫妻吵架一腳踢出新紡車
智瓦特發憤廿年造成蒸汽機

——引起世界工業革命的兩項大發明

前幾回說到近代科學由於伽利略，牛頓等人的努力，在物理、天文等方面已經累積了足夠的知識，而科學知識的豐富，又爲新技術的出現創造了條件，英國在十八世紀最初的幾十年間確實集中了當時世界上最優秀的科學家，又最先完成了資產階級革命，所以來一場工業革命是勢在必行了。

這技術上的改進是先從紡織行業開始的。原來英國的紡織品向來品質不高，平時市場上的貨全靠從中國和印度輸入。爲了保護本國資本主義發展，一七〇〇年英國國會專門通過一項法令，禁止從中、印進口棉紡織品，逼著本國紡織業快快趕上去。眞是有問題就有解決問題的人。到一七三三年，終於出來一個叫凱伊◎1的窮織工，發明了一種「飛梭」。那原來靠手臂一下一下來回穿的木梭，現在用腳一踢便如流星般的來去，這樣一來紡紗倒供不上織布了。

西元一七六四年在英國的一個小鎮上住著一對夫妻，男的叫哈格里夫斯◎2，女的叫珍妮，他們都是被剝奪了土地後從鄉下流入城鎮的。小夫妻女紡男織，慘澹經營，維持著艱苦的生活。可是哈格里夫斯用的飛梭織機，珍妮用的手搖紡車，一快一慢，兩天紡出的線不用半天就已織完。紡不出線就織不成布，就換不來錢，也就買不來麵包。珍妮終日不停地搖著紡車，腰酸背痛還是出不了幾磅紗。哈格里夫斯呢？閒著沒事，看著家中生活這般拮据，織完布後就腰插一把斧頭到外面去給人家做木匠活，以求一點微薄的補貼。

這天他出去後還不到半天便回到家裡，臉色陰得難看，也不搭話，便坐在織機上喊著要紗。珍妮見狀知道又是沒攬到活，明天的麵包不知哪裡去尋，也不敢多問，只是將昨天紡出的紗一起抱上。哈格里夫斯就悶著頭啪啪地織了起來。不消兩個時辰，這堆紗就已織完，他就先叫聲妻子，沒有應聲，便自己走下織機到院裡去討紗。只見珍妮還在吃力地搖著紡車輪，那只紗錠上才剛薄薄地裹了一層紗線，這時已日過中午，他腹中早就餓火中燒，便沒好氣地喊到：「珍妮，你這樣搖法，就是把我們的腸子都紡成線，也不夠換一塊麵包充饑。」

珍妮卻好像不知道他來到身後，頭也不回，只是把那紡車瘋也似地搖著，嗡嗡直響。哈格里夫斯心裡更加煩躁，便搶上一步，一把按住她的右手，說：「從明天起你就在家做飯管孩子好了，我到外面去幹活。這樣一天紡幾根線還不夠織幾根褲腰帶呢。」

沒想到珍妮突然轉過頭來嘶喊道：「這能怪我嗎？有本事你來紡，你搖斷胳臂也不會在一個錠上轉出兩個紗團啊！」哈格里夫斯這才看到珍妮眼裡已飽飽地含著兩汪淚水。是的，這哪能怪她，家家不都是這個樣子嗎？他心早軟了一半，但口裡卻還不肯軟下來，說：「不怪你，不怪你，怪這個勞什子紡車，要它有什麼用，不如劈了燒火。」說著順手抄起斧子便要砍下去。

珍妮知他是個火暴脾氣，真要砍了這車，一家人眼下就只有喝北風了，忙上去抱住他的胳臂不肯鬆手。哈格里夫斯的胳臂讓妻子抱定，舉不起斧頭，渾身的氣悶得無處發洩，便就勢飛起一腳將那紡車踢出六、七步遠，將斧子扔到地下，重重地歎了口氣。珍妮這時早趴在他的肩上嚶嚶

註解

◎ 1. 凱伊（1704 年～ 1780 年）：John Kay。

◎ 2. 哈格里夫斯（1720 年～ 1778 年）：James Hargreaves。

地啜泣不止。一場夫妻衝突也就這樣漸漸地緩解下來。再說珍妮見哈格里夫斯的火已漸漸消下，她的委屈才眞正地翻了上來，便索性緊緊地摟住丈夫的肩膀一把鼻涕一把眼淚地不肯停歇，非要等他道歉不可。

但是，珍妮這樣眞哭假怨，有好半天卻像是摟了一節木頭一般，不見哈格里夫斯有一點反應，她覺得無趣，也就鬆開雙手，抬起淚眼。誰知這一鬆不要緊，丈夫卻颼地衝向那輛紡車，她一把沒有拉住，哈格里夫斯卻大喊起來：「親愛的，你看，你看！」珍妮見他突然又像孩子一般，卻賭著氣偏不去看，撩起圍裙摸一把眼淚準備去收拾午飯。丈夫卻過來一把拉住她的手說：「親愛的，辦法有了。你一看就會明白。」

原來那輪紡車挨了哈格里夫斯這狠狠的一腳，這時正仰面朝天，那本來平躺著的紗錠已經垂直立起，還被車輪帶著旋轉。哈格里夫斯說：「你看我們就照這個樣子把紡車改造一下，紗錠立起來，一個車上就可以並排放兩個、三個，不就可以多出紗了嗎？」他這時早已喜得忘了肚中的饑餓，轉身在珍妮掛著淚珠的腮上吻了一下，便去摸斧頭幹活，珍妮也忙到廚房裡備飯。

各位讀者，你想這哈格里夫斯何等聰明，他本是一個木匠，又是一個織工，只要腦子裡得了這個主意，製作起來並不困難。他很快做了一個大木框，上面行列了八個紗錠，旁邊裝上一個木輪，一試就成。以後又不斷改進，紗錠加到十六個、三十個、一百個，效率提高到一百倍。這時再搖起這種車來，倒是紡線人將織布人趕得氣喘噓噓了。

正是：

死胡同裡莫硬鑽，退一步時路更寬。發明原來有訣竅，這邊不行試那邊。

再說哈格里夫斯得了這種發明，不敢忘記這紡織機實是那天與妻子吵架所得，所以就將它命名為「珍妮紡織機」。珍妮機很快在英國紡織業中得到推廣，以後又有人不斷改進用上了新的動力，英國紡織業遂來了一場大革命。所以馬克思後來論及此事時說，「十八世紀的產業革命就由此開始了。」

紡織機械的改革隨之帶來一個問題，就是動力。機械效率提高後人力當然不夠用了。有人發明用風力，但很不保險，有人發明用水力，但那必須到遠離城市的山鄉去，於是人們便想到一種全新的動力——那就是蒸汽。

說到蒸汽這便又引出一位科學史上大名鼎鼎的人物——瓦特◎3。

瓦特生於英國的格林諾克，他好像生來就與蒸汽有緣。他還是五，六歲的孩童時就常守著火爐看那開水壺上的壺蓋給汽頂得一上一下地跳動，經常問這是為什麼？後來由於家窮他沒有機會念書，先是到一家鐘錶店裡去當學徒，後又到格拉斯哥大學去當儀器修理工。這時社會上已開始有簡單的蒸汽機，而當時的科學發展，正如我們前幾回說過的，托里切利實驗，馬德堡半球實驗，也都從理論上解決了「壺蓋為什麼會上下動」的問題。瓦特聰明好學，又在這樣一個大學的環境裡，常抽空旁聽教授們講課，又終日親手擺弄那些儀器，學識也累積得不淺了。

話說一七六四年，格拉斯哥大學收到一台紐可門蒸汽機，請求修理，工作交給了瓦特。這種機器是蘇格蘭鐵匠紐可門◎4一七〇五年發明的，又大又笨。機器的汽缸下方有三個活門，汽從

註解

◎3. 瓦特（1736年～1819年）：James von Breda Watt。

◎4. 鈕可門（1664年～1729年）：Thomas Newcomen。

中間活門進入，將活塞推上去，人工將汽門關死，再從右邊活門裡注入冷水，熱汽遇冷收縮，缸內形成真空，活塞自然下落，這時又要手忙腳亂地關上進水活門。這樣活塞才能上下一次。連桿帶動汲水工具也上下抽水一次。瓦特將這台機器修好後看著它這樣吃力地工作，就如一個老人在喘著粗氣，顫顫巍巍地負重行走一般，覺得實在應將它改進一下才好。他注意到毛病主要在缸體隨著蒸汽每次熱了又冷，冷了又熱，白白浪費許多熱量。能不能讓它一直保持不冷而活塞又照常工作呢？

瓦特從小學徒出身，既能吃苦，又很頑強。他一有這個想法便立即自己出錢租了一個地窖，收集上幾台報廢的蒸汽機，決心要造出一台新式機器來。他自己也告別妻兒，一捲行李搬到地下，整日擺弄著竹筒、木軸，左比右試，這樣有兩年時間總算弄出個新機樣子。可是點火一試，那汽缸倒像吳牛喘月一般四處漏氣。瓦特想盡辦法，用毯子包，用油布裹，幾個月過去了，還是治不了這個毛病。連這第一步也邁不出去，以後還不知有多少險阻呢。

瓦特原以為他的革新方案很快就能實現的，就去向一個叫羅巴克◎5的工廠主借債，兩人簽定合約，如果新機器試驗成功，工廠主將要分享三分之二的利潤作為償還。現在瓦特這樣一直拖下去毫無進展，羅巴克宣佈再不對他資助◎6，這樣瓦特反倒負債如山。他騎虎難下，心煩意亂，不知該怎樣收拾這個局面。一天他又趴到汽缸前觀察漏氣的原因，不小心一股熱氣衝出，他忙躲時，右肩上已是紅腫一片，就像被一把熱刀削過一般，辣辣地疼了起來。

晚上他回到家裡左手捂住右膀，躺在床上不言不語。錢無著落，試驗又不知何時才有個完。

再這樣下去眞怕連妻兒也要搭進去了。他想這事也許壓根就不該他自己去幹，格拉斯哥大學有多少教授，這城裡有多少工廠主，有學問的有學問，有錢的有錢，誰也不敢去碰這個難題，我這個窮工人爲什麼要去討這份苦吃？「罷，罷，罷！」他越想越覺得後悔，嘴裡這麼說著就翻身坐起，將桌上圓紙捲作一團，向爐子裡塞去。

這時瓦特的妻子正好進來，見狀忙一把搶過，正色說到：「虧你還是個男子漢呢，就這樣沒有出息！這兩年滿城裡誰不知你在發明什麼新蒸汽機，今天就這樣打了退堂鼓，我看你怎樣上街見人。你不記得那年你要開個小鐘錶修理鋪，行會裡的人說你學徒期不夠，不許開，後來這所大學不講資格，破例收留了你，連那麼大的機器都讓你修，你修好了又不滿足，自吹還要造個更好的。這樣，我看你要麼眞的造出一個新機器，要麼就摔掉飯碗，我跟你沿街要飯去！」

這瓦特夫人是受過教養的人，知書識禮，極有志氣。今天她見丈夫要打退堂鼓，一進門就劈頭蓋臉地說出這般言語，把個瓦特羞得半天抬不起頭來。過了好一會兒他才說：「親愛的，你知道我們現在就要揭不開鍋了。再這樣借債，借到何時。」夫人忽地站起，伸手摘下脖子上的項鍊，又褪下手上的結婚戒指說：「能變的先變賣掉，咬咬牙先過下去。」

瓦特見妻子越說越絕，更羞愧難當，起身下地，隨手抓過桌上的一把木尺，一折兩半，說：「我瓦特要造不出新蒸汽機來，就算我這雙手白白擺弄了十幾年機器，到時我就這樣扯斷自己手指。」說完頭也不回地又向他那個地窖跑去。

各位讀者，引起世界第一次工業革命這兩大新機器雖是兩個男子發明的，但都實實在在得力

註解

◎ 5. 羅巴克（西元 1718 年 ~ 1794 年）：John Roebuck。

◎ 6. 實際上，羅巴克因破產而將其在瓦特的機器上的利潤股份轉讓給博耳頓（Matthew Boulton，西元 1728 年 ~ 1809 年）。

於他們的妻子。尤其是瓦特的妻子，在瓦特自己都已沒有信心時，反而忍饑挨餓，咬著牙支持丈夫再堅持一下。這不是說書人編故事，而是確實如此。只可惜瓦特不像哈格里夫斯那樣多情，用自己夫人的名字來給蒸汽機取了雅號。所以後人只記住了珍妮，很多人反不知瓦特是不是有個妻子。◎7

閒話放過。再說瓦特回到地下實驗室裡，將過去的資科重新翻檢一番，打起精神又試驗起來。累了時就守著爐子燒一壺水喝茶。一天，他正這樣悶頭喝著苦茶，看著那個兒時就引起興趣的一動一動的壺蓋。也是苦修必有果，功到自然成，活該今天瓦特開竅。他看看爐子上的壺又看看手中的杯子猛然喊道：「茶水要涼，倒在杯裡；蒸汽要冷，何不把它從汽缸裡也倒出來呢？」

瓦特這麼一想，便立即設計了一個和汽缸分開的冷凝器，這下熱效率提高了三倍，用的煤只有原來的四分之一。這關鍵的地方一突破，瓦特頓然覺得前程光明。他又到大學裡的布萊克教授◎8請教了一些理論問題，教授又介紹他認識了發明鏜床的威爾金技師◎9，這位技師立即用鏜炮筒的方法為瓦特鏜製了汽缸和活塞，解決了那個最頭痛的漏氣問題。

這時早有另一位慧眼識英雄的工廠主博耳頓開始向瓦特投資，瓦特有了資食接濟，如虎添翼，到一七八四年他的蒸汽機已裝上曲軸、飛輪，活塞可以靠從兩邊進來的蒸汽連續推動，再不用靠人力去調節活門，所以這才是世界上第一台眞正的蒸汽機。

但這時距瓦特接手修理那台紐可門蒸汽機已經整整二十個年頭過去了。瓦特終於完成了這個劃時代的發明。以後他又與人合辦了一個蒸汽機製造廠，他這一生再也沒有離開過蒸汽機，直到一八一九年他以八十三歲高齡離開這個因他的發明已經變得很熱鬧的人世。

各位讀者，或許我們今天看來一台紡紗機、蒸汽機能值幾個錢。但科學的進步重在突破，有第一步，就有第二步；有昨日之粗之低，才有今日之精之高。譬若孩童走路，別看初時東倒西歪，明日也許是個「飛毛腿」。

再者，科學原理的發現與具體技術的發明是整個自然科學進步的兩條左右腿。用一根木棍撬石頭，多麼簡單的發明，但它導致了槓桿原理的發現；而有了這槓桿原理才會有瓦特蒸汽機上的那些曲柄、拉桿，又有了眞空的發現，才會有那活塞的來去。現在這個蒸汽機比那撬石頭的木棍自然不知要高檔多少倍，它所提出的問題也自然要引起這新時代的阿基米德們的聯想，以後還有什麼重要發現，且聽我慢慢講來。

註解

◎ 7. 瓦特有兩任妻子，與第一任妻子瑪格麗特於 1764 年結婚，但瑪格麗特於 1772 年過世，瓦特於 1777 年與第二任妻子安再婚。

◎ 8. 布萊克（西元 1728 年～ 1799 年）：Joseph Black。

◎ 9. 威爾金斯（西元 1728 年～ 1808 年）：John Wilkinson。

第三十三回　舊學說百年統治終破產
新原理一時沉埋永放光

——質量守恆定律的發現

上回說到隨著紡紗機、蒸汽機的發明，一場工業革命從英國開始了。工業技術和生產的發展必然引起人們對生產原料更深刻的認識。而紡織業的發展必然促使人們去研究染料，研究酸鹼，這又向化學提出了新的要求，而在這方面打頭陣的，現在該輪到一個法國人了。他就是拉瓦節。◎1

一七四三年八月二十六日，拉瓦節生於巴黎。父親是一個很有錢的律師，這使小拉瓦節不愁吃穿，上了中學又上大學，法律系畢業後也當上了律師。但不知一種什麼緣由，使拉瓦節對礦物特別感興趣。在他辦公桌的抽屜裡，常常放著一些石頭，什麼硫礦呀，石膏呀，就連卷宗裡也不時可抖出一些紅綠顏色的礦粉來。意外中他的一篇論文在一次競賽中竟獲得法國科學院一枚金牌，這更使他決心辭掉了律師職務，闖入自己酷愛的化學領域。

但是私人研究化學，要建實驗室，要買儀器，錢從何來？這拉瓦節憑藉他律師的閱曆，用特殊的眼光上下左右在財政界一掃，便發現了一個訣竅。原來十八世紀中葉，法國新興的資產階級已積聚成一股強大的力量。但封建王朝還不甘退位，更加緊了對人民的搜刮。搜刮的一個妙法就是收重稅。可政府並不出面，而是承包給「包稅人」。包稅人先向國家交一筆鉅款，然後再去收稅。包稅人只要保證向國家繳錢，至於向老百姓收多少，國家是不管的。爲了研究化學，拉瓦節從父親那裡借來錢作押金，違心地當上了一名包稅人。很快，拉瓦節就擁有了自己的化學實驗室，同時，又很快認識了一位金髮碧眼的姑娘瑪麗◎2。瑪麗是包稅公司經理的女兒，才十四歲。但他們感情篤深，終成眷屬。這瑪麗性情溫柔，又寫的一手好字，並擅長繪畫，爲丈夫抄論文，繪圖表，天賜一個好內助。拉瓦節眞是要錢有錢，要物有物，要家有家。比起那克卜勒、牛頓來，眞是科學家當中少有的幸運者了。

卻說一七八九年冬盡春來的一個夜晚，寒氣還籠罩著巴黎，拉瓦節和嬌妻瑪麗正圍爐夜話，瑪麗手中拿著一篇剛收到的文章說：「親愛的，聽我給你念一段，這裡說的這個實驗可眞有意思。」文章不長，喝杯茶的工夫便已念完，但拉瓦節聽完便再也沒有喝茶談天的閒心了。他一把搶過文章連讀了兩遍。原來這文中說到將一塊金剛石燒得熾熱後，它便會消失得無影無蹤。他想，這是不可能的，任何東西燒完總要留下一點灰燼。拉瓦節立即鑽進實驗室，照做了一次，確實如文章所說，金剛石不翼而飛了。

整整一夜，瑪麗感到睡在身旁的丈夫翻來覆去不能成眠，但溫柔的她不敢說話，怕引起他的話頭更不能入睡。天將亮時，瑪麗見他還在瞪眼看天花板，就說：「都是我不好，忘了要睡覺了不該給你說什麼實驗的新消息。」拉瓦節卻拉住她的手，翻身坐起：「瑪麗，我們趕快進實驗室去，辦法有了，也許問題正出在這裡。」

拉瓦節只穿一件睡衣坐在實驗台旁，他將一塊金剛石用不怕火的石墨軟膏厚厚地裹起來，然後放在火上高溫加熱。他想過去人們研究燃燒都是在空氣裡進行，被燒過的東西多啦，少啦，都

註解

◎1. 拉瓦節（西元 1743 年～ 1794 年）：Antoine Lavoisier。

◎2. 瑪麗（西元 1758 年～ 1836 年）：Marie-Anne Pierrette Paulze。

看作是這東西自己發生了變化，誰敢保證這看不見的空氣裡不會有什麼物質在燃燒時參加進去，或者又帶走什麼呢？我今天將這金剛石裹得嚴嚴實實不見空氣，看它會出現什麼樣子。他就這樣睡衣拖鞋，蓬頭黑手地在實驗台旁忙著，虧得瑪麗賢慧，一會兒捧過一塊熱毛巾爲他擦擦滿臉的汗水，一會兒又往他嘴裡塞一塊麵包乾，心疼地怕他餓壞肚子。這時在高溫火焰下，那裹著石墨的金剛石已被燒得通紅，就像爐子裡的紅煤球一樣。拉瓦節小心地停了火，等待它慢慢冷卻下來剝開一看，金剛石竟完好無損！

「看來燃燒和空氣大有關係。」他一邊洗臉，一邊說。

「燃燒不是物質內的燃素在起作用嗎？」瑪麗一邊收拾儀器，一邊問道。

「大家都這麼說，我看未必就是這樣。」

原來自波以耳研究燃燒現象之後，一六〇六年他的學生終於創建了一種燃素說。◎3凡物質能燃燒就用含燃素來解釋。但是一些金屬燒過後重量反而增加，燃素既然燒掉了，怎麼物質反倒加重？這眞有點讓燃素說下不了臺。但是擁護燃素說者又想出一種解釋，說那燃素與一般肉眼看見的物質不同，它包含的是一種負重量，負重量一走，東西自然就重了。可見當時燃素說已經露出破綻，難自圓其說了。拉瓦節也早就對此產生了懷疑。今天這個實驗更明明白白地證明，金剛石被裹嚴時就不變，露天時就發生變化，說明原因不在燃素，而在空氣。

正是：

多少糊塗事，只因太孤立，單見樹有葉，不見枝連理。

到底在燃燒過程中空氣發生了什麼變化呢？最好的辦法就是檢測一下它的重量。拉瓦節立即設計出新的實驗。

他在密閉的容器裡煉燒金屬，燃燒前後他都仔細地用天秤秤過重量，並沒有一點的變化，他再秤金屬灰的重量，是增加了，又秤燒過後的空氣的重量，卻減少了，而減少的空氣和增加了的金屬灰正好重量相等。於是拉瓦節便發現了化學上一條極重要的定律：重量（質量）守恆定律。物質既不能創生也不能消失，化學反應只不過是物質由這種形式轉換成另一種形式。

自從拉瓦節由燃燒金屬發現燃素說不可靠後，他立即放下其他研究而專攻各種燃燒現象。他又投資添了一些設備，選了幾個助手，將自己的實驗室重新佈置一番，這裡可眞成了一個燃燒展覽館。他這個豪華的實驗室接待過許多科學名人，瓦特、富蘭克林◎4都會到這裡作客。這一天英國學者普利斯特里◎5又來訪問，拉瓦節陪他在這儀器叢林間邊漫步邊討論問題。一會兒來到幾個玻璃罩前，普利斯特里問：「這裡在幹什麼？」

「我將磷用軟木飄在水面罩著燃燒，燒後水面就上升，占去罩內空間的五分之一。你看這個罩內是燒硫磺的，水面也上升了五分之一。這說明燃燒時總有五分之一的空氣參加了反應。」

「對。我也早發現空氣中有一種『活空氣』，蠟燭有它變得更亮，而小老鼠沒有它就會死亡。拉瓦節先生，你知道舍勒◎6在一七七二年就曾發現過這種空氣，他叫它『火焰空氣』，我想，這和你發現的那五分之一的空氣是一回事。可是，我覺得物質燃燒是因爲有燃素，恐怕和這種空氣沒有關係。」

註解

◎3. 燃素說最早出現於1667年，由貝歇爾（Johann Joachim Becher，西元1635年～1682年）提出，與波以耳並非師生關係。

◎4. 富蘭克林（西元1706年～1790年）：Benjamin Franklin。

◎5. 普利斯特里（西元1733年～1804年）：Joseph Priestley。

◎6. 舍勒（西元1742年～1786年）：Carl Wilhelm Scheele。

「不，有沒有它大不一樣。你看這罩裡剩餘的五分之四的『死空氣』，你再放進什麼有燃素的東西，無論磷塊還是硫磺，它也不會著了。尊敬的普利斯特里先生，你的發現對我太有啓發了，看來空氣裡一定有兩種以上的元素，起碼這『活空氣』就是一種，空氣並不是一種元素。」

「這麼說，水也不是一種元素了。因爲我已經發現水裡也有這種活空氣，而且用這種活空氣和另外一種空氣（氫氣）在密閉容器裡加熱，就又能生成水。」

「眞的嗎？」拉瓦節突然停下腳步，眼睛直盯著普利斯特里。

「眞的。你這裡的實驗條件太好了，我們馬上就可以重做一次。」

普利斯特里熟練地製成兩種氣體，混合到一個密封容器裡，開始加熱，一會兒容器壁上果然出現了一層小水珠。拉瓦節等實驗一完就拉著普利斯特里到客廳裡，連叫瑪麗：「快拿酒來，我們今天要慶祝一件天大的喜事。」年輕漂亮的瑪麗立即托著三杯酒，輕盈地走出來，連問：「什麼喜事？這樣高興。」說著也陪客人坐下喝酒敘話。

「瑪麗，你知道，我們今天不但進一步找到了燃燒的秘密，還找到了新的元素，它既存水中，又在空氣中，這一下子就打破了水和空氣是元素的舊說法，證明它們都是可分的。這種東西能和非金屬結合生成酸，又能使生命活下去，就叫做氧吧（由希臘文酸、活二字而來）。」

「拉瓦節先生，你眞是一個大膽的科學家，我做了不知多少次實驗，可就是不敢放棄燃素說，總也沒有找到問題的關鍵。今天這個發現眞是我們化學界的一件大喜事。」

各位讀者，這氧氣本是舍勒和普利斯特里最先發現，但是他們爲什麼看不到它與物質燃燒的關係呢？原來是舊燃素說的束縛，使他們不敢有任何非分之想。本來做學問一靠觀察積累，二靠思考比較。這觀察積累基本上還是在舊理論指導下的收集、整理，要的是細心與吃苦；那思考比較是在新事實的基礎上歸納突破，要的是大膽與勇敢。有如雛雞在殼裡經二十一天的暖孵，只待那猛力一啄，躍出殼外，眼前便是一個好大的世界。一個舊理論的推翻就是一個新天地的開拓。當年地心說借上帝之力何等頑固，人們作了許多改良，卻終不能突破，出了個布魯諾只一句話：「對不起，我的體系沒有給上帝留下位置！」一切問題便迎刃而解。過去人們總說行星在作圓周運行，可多年測量老有誤差，克卜勒拋棄圓周說而立橢圓之法，眾星便各引其路再不出軌。但可悲的是許多人雖足已長而鞋小，寧肯削足而不棄舊履；身高而簷低，寧可彎腰而不遷新居，科學史上確有不少這類的悲劇。只有少數既聰明又勇敢的人才知道既不斷觀察新問題，收集新材料，又不斷打破舊理論，拋棄舊假設，於是勝利便屬於他們了。

回頭再說拉瓦節三人正添酒舉杯，滿心歡喜，忽然一個僕人走了進來，手裡拿看一張《人民之友》日報，像有什麼事要回主人，但又不便開口。拉瓦節說：「什麼事，你說吧，普利斯特里先生也不是外人。」

「報上說您的壞話了，先生。」

拉瓦節接過報紙一看，只見一篇署名馬拉◎7的文章寫道：

法國公民們，我在你們面前譴責拉瓦節這個詐騙大王。暴君的夥伴、流氓的徒子徒孫、竊賊的大師……請你們相信，這個自誇每年有四萬里亞爾收入的稅收員不知從你們身上搜刮走多少財

註解

◎7. 馬拉（西元 1743 年～ 1793 年）：Jean-Paul Marat。

富……

拉瓦節一看，臉色頓時沉了下來。他知道這個馬拉前幾年曾爲了一本《關於人的特性的研究》，漏洞百出，他曾著文反駁。不料一七八九年法國大革命後，這人倒成了革命領袖，看來現在要報仇了。他生氣地將報紙往桌上一放，說：「我是賺了一點錢，但沒有這錢，哪有這實驗室，哪有這些成果，錢是給科學用了啊！」普利斯特里不知怎麼一回事，連忙放下酒杯，取過報紙一看，便也就知趣地起身告辭。因科學發現而引起的這陣小小的歡樂，卻因一個政治黑影的介入而又突然消失了。

自從這次被報紙點名攻擊之後，拉瓦節的處境便明顯困難起來，不久他正式被控貪汙，又過了不久他的實驗室被查封。拉瓦節倒覺得不會有什麼大事。他想，我一個科學家，總要爲社會辦好事，於是更加緊編書。過去他出過一本《化學教程》總結了他多年來的實驗，提出氧化學說，統治化學界近百年的燃素說才被眞正地戳穿。書一出即被搶購一空。現在拉瓦正在補充修訂，準備再版。他又將這幾年新發現的元素整理成一張表，共三十三種，分作四類：

氣體單質：光、熱、氧、氫、氮。

非金屬單質：硫、磷、碳、鹽酸根、硫酸根、硼酸根。

金屬單質：銻、銀、砷、鈷、銅、錫、鐵、錳、汞、鉬、鎳、金、鉑、鉛、鎢、鋅。

土類單質：石灰、鎂土、鋁土。

這是化學史上第一份科學的元素表。那水、土、氣、火的四元素說到此也徹底破產了。化學在拉瓦節面前是徹底敞開了大門。許多新奇的現象，有趣的問題，一個接一個地跳了出來。但是他有一種預感，覺得有什麼禍事就要臨頭，手頭的工作怕是幹不完了。這種莫名的念頭自然不好對瑪麗說，所以他只是整天埋頭寫作，瑪麗就加緊幫他畫插圖。

果然，一天上午，拉瓦節剛在桌旁坐定就有兩人進來，只說法庭傳他去一趟。他知道那個模糊的預感今天要變成現實了。他冷靜地站起來說：「幸好我的書已經全部寫完。」返身取了一頂帽子便隨來人而去。

法庭上的審判極為草率，他這個律師出身的人也未能張口為自己辯護幾句。一位好心的律師提醒法官：「拉瓦節先生可是一位全歐洲聞名的科學家啊！」

法官說：「革命不需要科學家，只需要正義。」當即判了他的死刑。

一七九四年五月八日，拉瓦節被反綁著雙手，推向廣場中心的斷頭臺。這時廣場上已人山人海，將要斷頭的幾個人一字站在臺上。這斷頭臺是挖空心思想出的一種殺人方法。先搭一個一人高的平臺，臺上豎兩根丈餘高的方木，兩木間吊著一把斜刀大鍘刀，足有桌面那麼大，爍光閃閃，寒氣逼人。下面有一張大桌子，犯人就趴在桌子上，伸長脖子，等看那刀落下來砍頭。

拉瓦節被推赴刑場，驚動了巴黎的許多科學家，什麼時候聽說過一個科學院的院士被抓來砍頭呢？和他一起研究化學命名法的柏托雷◎8連忙趕來。瑪麗也來了，她一夜之間像老了十歲，這時正抱住拉瓦節的頭失聲痛哭。拉瓦節多麼想用手為她拭去淚水，去擁抱一下這個從十四歲就開始追隨他的妻子，可是手被反綁著。他讓瑪麗抬起頭來，說要最後一次仔細看看她。

註解

◎8. 柏托雷（西元 1748 年～ 1822 年）：Claude Louis Berthollet。

拉瓦節平靜地說：「瑪麗，你不必為我悲傷，感謝上帝，我已完成了自己的工作。我今年五十一歲，可以說已經度過了夠長夠愉快的一生，而且可以免去一個將會有諸多不便的晚年。我為後人留下了一點知識，也許還留下了一點榮譽，應該說是幸運的。」那瑪麗瞪著兩隻淚眼，只是直直地望著他，下巴在一下下抖動，喉嚨裡卻像被什麼東西噎住發不出一點聲音來。

這時，只聽身後那面大鍘刀由空而降，咻地落下，捲起的一陣涼風，掃得人心裡直抖，接著就聽「嚓」的一聲，一顆人頭就像被菜刀剁下的一節黃瓜滾在臺上。剛殺掉的是一個僧侶。接著，那面鍘刀又嘎吱吱地升了起來，就聽監斬官吼道：「下一個，拉瓦節！」瑪麗聞聽這一聲吼，先自昏倒在拉瓦節腳下。

柏托雷還抱一絲希望，衝到監斬官面前，高聲喊道：「不能殺他啊，法國不能殺掉自己的兒子。你們一瞬間砍下他的頭，再過一百年也不會長出一顆這樣的頭了啊！」◎9

畢竟拉瓦節性命如何，且聽下回分解。

註解

◎9. 實際上，柏托雷並未說過此話，而是由拉格朗日（Joseph Lagrange，西元 1736 年～1813 年）在第二天早上所說：「他們一瞬間就把拉瓦節的頭砍下來，但像他那樣的頭腦一百年也找不出一個了。」

第三十四回　聰明人向天攫雷電　蠢國王要改避雷針
——電的本質的發現

上回說到法國化學家拉瓦節被推在斷頭臺上，雖有許多人求情，可那把無情的大鍘刀還是從空而降，這位現代化學的創始者便人頭落地。自拉瓦節死後，他開創的化學事業就和電的發現與研究連在一起，所以我們現在先來補講一個電的故事。

話說一七五〇年五月，英國皇家學會突然收到一篇論文，說天上的雷電和我們在實驗室裡摩擦生成的電是一回事，還列舉了十二條相同處，如：放光、有聲、能點燃易燃物、能殺傷動物等等。還說到電是通過金屬的尖端釋放傳遞的，因此為使建築物免遭雷擊，可以在屋頂上裝一個尖鐵棒，再以金屬線接地，電就被引入地下。那皇家學會的會員們大都是天文、力學、數學方面的專家，他們研究的是那些高深的題目，但是化學卻是剛剛起步，這電學乾脆就還不算一門學問呢。學會秘書看著這篇文章想，這大概又是什麼江湖騙子的法術，再一看作者，是一個十分陌生的名字，寄出位址呢？美洲的賓州，秘書不看猶可，一看隨即就啪地一聲扔到紙簍裡去了。

讀者，你知道爲什麼這樣？原來那英國當時正稱霸世界，無論政治、經濟、科學各方面它都不把別人看在眼裡。當時的世界上根本還沒有個美國。美洲大陸原是印第安人在這裡世代居住，一四九二年哥倫布發現這塊新大陸，英國便立即派來了探險隊。一六〇七年英國又向這裡派遣了第一批移民，開始在這裡霸佔殖民地。就說秘書剛才看到的賓州吧，它原來哪有什麼名字，不過是一塊荒地。一六八一年英王查理二世將這塊土地賜給一個叫威廉·賓◎1的業主，這樣便由此得名了。連這種半開化的地方也配向皇家學會送科學論文？這文章能進皇家學會的紙簍也就算是高攀了。你道這個大膽送論文的人是誰？他叫班傑明·富蘭克林。當時他雖然名不驚人，可後來他倒成了電學的開門鼻祖。這人聰明絕頂而又極有志氣。小時因家貧不能上學，就跟著開印刷所的哥哥當學徒，這倒使他有機會讀到許多最新的書。

他見幾個大人寫稿辦報，自己也寫了稿子，晚上悄悄投到哥哥的門縫裡，署名卻是莎倫絲·多吉德夫人，有一段時間這些文章天天見報，人們天天議論這才華橫溢的夫人，卻不見她來領稿酬。他後來大了就獨立辦報·開工廠，但是那聰明還是多得無處發洩。一個冬夜他外出歸來時，抱起床上的小女兒吻一吻，她那小臉蛋竟凍得冰涼！當晚他通宵未睡，天亮時竟發明出一種新式火爐，歐美那種散熱率極低的老式壁爐一下就被淘汰了。到現在我們用的鐵火爐基本上還是他設計的樣子。

一天他在家裡請客，夫人在廚房裡又忙又亂，還烤糊了一隻雞。第二天他就在自己廚房頂上鑿了一個洞，上面裝了一個小風車，用皮帶連著下面的肉叉，製成了一個自動烤肉機。一次乘船，他見船速太慢，就叫水手將貨物向後移，船頭微微抬高，果然速度飛快，他由此又研究了船的快慢與它吃水多少的關係。但是只可惜這裡是落後的殖民地，沒有像皇家學會那樣的科學團體，沒有許多科學家可以相互研討，他只是自己一人摸索。好在他極聰明，發明這些總像玩一樣的輕鬆。

一天富蘭克林的朋友洛根◎2前來看他，一進門卻把雙手藏在背後神秘地說：「富蘭克林，今天我讓你看一件東西，叫你知道世界上還有比你更聰明的人。」

「當然，世界上聰明人多得很，我算老幾？不過我倒想看看你帶來了什麼聰明玩藝兒。」

洛根將手向前一攤，原來是一本新出的雜誌，裡面盡是些方格子，格裡填滿數字。他說：「你看這是幻方格子，那數字不管橫加豎加，它們的和總是一致的。」

富蘭克林不看猶可，一看哈哈大笑：「這有什麼了不起，我這裡也有幾張自製的幻方格子，你看這張，不管橫豎都有八個數呢。」：

52	61	4	13	20	29	36	45
14	3	62	51	46	35	30	19
53	60	5	12	21	28	37	44
11	6	59	54	43	38	27	22
55	58	7	10	23	26	39	42
9	8	57	56	41	40	25	24
50	63	2	15	18	31	34	47
16	1	64	49	48	33	32	17

註解

◎ 1. 威廉．賓（西元 1644 年～ 1718 年）：William Penn，賓州全名為賓夕法尼亞州（Pennsylvania），為威廉．賓所取名，意思是「賓的林地」。

◎ 2. 洛根（西元 1674 年～ 1751 年）：James Logan。

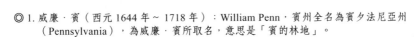

「你聽我給你細說。只要你進了我這個幻方陣裡，就總跑不出兩百六十去。第一，不管橫、豎每行每列的和都是兩百六十；第二，你從下面兩角的對角（16, 17）各數四個數（16, 63, 57, 10以及17, 34, 40, 23），成一段折線，則這折線上的八個數的和是兩百六十，而每條與這線平行的線上的八個數也都是兩百六十；第三，你從上面的兩角出發作這麼幾條折線，其和也是兩百六十；第四，你從左邊的兩角出發，這樣數，其和還是兩百六十；第五，你從右邊的兩角出發，這樣數，其和仍是兩百六十。不信你就試試，保你逃不出這兩百六十的網去。」富蘭克林說。

「魔高一尺，道高一丈，你這兩百六十有什麼了不起，你看這張幻方格子，是十六個數的正方形，又比你多一倍。它不管橫加、豎加、對角加都是兩千零五十六。」洛根說著眞的又翻出一張表來。

這下富蘭克林可有點傻眼。不過他並不服氣，說：「且慢，現在咱們點燃一支菸，在這菸燃盡前，我立即再給你設計一張也是十六個數的幻方格子。」只見富蘭克林抽出支鉛筆，在一張空格紙上橫塡豎寫，如點豆種瓜一般。

一會兒那支菸還未著完，他便叫：「好了！我這格子縱橫相加也是兩千零五十六，雖對角相加不是這個數，可是只要你在大方格內任意挖出一塊十六個相連的格子組成的小方格，他們的和也是兩千零五十六。」（見左頁表，其實這表裡有三組數是錯的，讀者如有心可以一找，但這已是極不易了。）洛根這時方更佩服富蘭克林的才智。⋯⋯

200	217	232	249	8	25	40	57	72	89	104	121	136	153	168	185
58	39	26	7	250	231	218	199	186	167	154	135	122	103	90	71
198	219	230	251	6	27	38	59	70	91	102	123	134	155	166	187
60	37	28	5	252	229	220	197	188	165	156	133	124	101	92	69
201	216	233	248	9	24	41	56	73	88	105	120	137	152	169	184
55	42	23	10	247	234	215	202	183	170	151	138	119	106	87	74
203	214	235	246	11	22	43	54	75	86	107	118	139	150	171	182
53	44	21	12	245	236	213	204	181	172	149	140	117	108	85	76
205	212	237	244	13	20	45	52	77	84	109	116	141	148	173	180
51	46	19	14	243	238	211	206	179	174	147	142	115	110	83	78
207	210	239	242	15	18	47	50	79	82	111	114	143	146	175	178
49	48	17	16	241	240	209	208	177	176	145	144	113	112	81	80
196	221	228	253	4	29	36	61	68	93	100	125	132	157	164	189
62	35	30	3	254	227	222	195	190	163	158	131	126	99	94	67
194	223	226	255	2	31	34	63	66	95	98	127	130	159	162	191
64	33	32	1	256	225	224	193	192	161	160	129	128	97	96	95

暫時不說富蘭克林與朋友拼方格鬥智，卻說一七四五年十一月科學史上出了一件值得紀念的大事。荷蘭萊頓大學的教授穆申布勒克◎3和他的朋友庫諾伊斯◎4做了一個有趣的實驗。他們先用摩擦機生成電，再用金屬絲把電引入玻璃瓶內，可以看見閃電的火花。於是這三人就想，能不能將電保存起來呢？他們將瓶內灌滿水，接通導棧，再繼續搖動摩擦機，卻看不見一個火花。這時庫諾伊斯像是要把電撈出來來一樣，一隻手端起瓶子；另一隻手到水瓶裡去探摸，突然他大叫一聲，覺得右臂一陣痲脹，猛然縮回手來。可以說這庫諾伊斯一下便佔據了一個世界第一：他是世界上第一個被人工電打著的人。穆申布勒克立即由此得到啓發，將玻璃瓶貼了錫箔製成了能保存電的瓶子。

眞是說者無心，聽者有意。穆申布勒克等人只是想實驗一下摩擦生電，而富蘭克林聽說了這個實驗，一七四六年到波士頓看望老母親時，又親眼看到了這種實驗，這聰明人立即想到天上的雷電經常打死人畜，也能放出閃光，天上地下的兩種電是不是一回事呢？這年富蘭克林已經整整四十歲了，而且已經成了當地很有名氣的出版商，當上了州議員，可是在科學發現的誘惑下，他立即又像變成了一個十幾歲的孩子。自從波士頓探親回來後，他的妻子就成天抱怨她的廚房裡再也不得安寧了。

鹽、缽、醋罐常會不翼而飛，被富蘭克林拿去「生電」。這還不算，富蘭克林每天還冥思苦想著，怎樣在打雷下雨時把天上的電引下來，好親眼看看，親手試試。可是在當時，雷電是天火啊，誰敢這樣去想？妻子聽說富蘭克林竟敢有這樣的狂想，一邊桌前枕邊地苦勸他不要去冒犯上帝，一邊又在背後虔誠禱告，求上帝千萬原諒自己的丈夫。

一七五二年六月，終於盼來了一個大雷雨的天氣。這天下午富蘭克林正在家裡擺弄著那些瓶瓶罐罐，金屬導線，突然一陣風撲來，窗戶被搖得嘎嘎直叫，窗簾飛起如一面狂舞的大旗。他探頭一看，見西邊天上的烏雲就如潑了一天墨汁，如浪如濤般地壓了過來。他不覺喜上心頭，忙叫一聲：「威廉，準備行動。」一會兒就領著兒子，架著一架用絲綢製成的大風箏迎著狂風向野外奔去。

富蘭克林選了一塊廣闊的草地，將風箏向天空徐徐放去。漸漸地一張桌面大的風箏已變成一本書似地一個小點，又像是升向雲海裡的一葉小舟，被顛著、搖著，在遠處怯生生地回望著自己的主人。

突然一道閃電劈開雲層，在天空劃了一個「之」字，接著嘎蹦一聲脆雷，那如銅錢般的雨點就瓢酒盆潑般地傾了下來。富蘭克林轉身一看，草地上正有一間牧人用過的舊房，忙招呼兒子站到房門裡，讓他拉緊風箏線，這樣靠近手的一節線就不會因淋濕而導電。這一切都是精心設計好了，風箏是綢子製的，不怕雨淋，線是麻繩很結實，靠手的一節又換成綢帶，不導電，麻繩與綢帶間用金屬線掛一把銅鑰匙。富蘭克林站在屋簷下緊張地注視著西邊的天空，只見電光閃過一道又是一道，雷聲一聲更比一聲更亮。

他想，這些雲海裡的「天火」今天不知肯不肯乘我的這個風箏小船來到人間作一回客。多少年來人們與它要不就是隔天遙望，要不就是被它的震怒嚇得關門閉戶，還從沒有過一次促膝相

註解

◎ 3. 穆申布勒克（西元 1692 年～ 1761 年）：Pieter van Musschenbroek。

◎ 4. 庫諾伊斯：Andreas Cuneaus，實際為穆申布勒克的助手、學生。

見，握手言歡呢。

他正這樣想看，突然威廉大叫：「爸爸，快看！」他順著兒子的手指一看，那拉緊的痲繩，本來是光溜溜的，怎麼現在突然怒髮衝冠，那些細纖維一根一根都直豎起來。富蘭克林到底聰明，他眼睛一轉，突然高興地喊道：「天電引來了！」因爲毛皮摩擦帶電時細毛也會豎起，這說明風箏線上已有電了。他一邊囑咐兒子小心，一邊用手握成拳頭慢慢接近那把銅鑰匙。突然他像被誰推了一把，跌倒在地上，渾身發痲。他顧不得疼痛，也不知道害怕，喊著：「是它來了，它乘著風箏下來了！我們握手了！」（還算富蘭克林幸運，第二年一個叫李赫曼◎5的俄國人也學著富蘭克林做這個實驗，當場就被電打死了。）

當富蘭克林從地上一骨碌爬起來，將帶來的萊頓瓶接在鑰匙上，果然這瓶裡保存了電，而且這電也有火花，可以點燃酒精燈，可以用它做各種電氣實驗。天電、地電原來一個樣！一會兒雨停雲散，富蘭克林收了風箏，和兒子抱著藏有雷電的萊頓瓶，就像釣到一條大魚一樣高高興興地回家去了。

且不說富蘭克林回家後妻子怎樣地埋怨，怎樣訴說她在家裡擔驚受怕。他一回家就爬上房頂豎起一根數丈長的鐵棒，下面連上銅線，一直伸到土裡。這便是世界上第一個避雷針。聰明的富蘭克林，從風箏引電想到房頂上用鐵棒引電，再直接導入地內，房屋自然不會遭雷擊了。於是這個小小的避雷針立即風靡一時，傳到英國、法國、德國，傳遍歐洲、美洲。凡高一點的房子都安上了這個裝置。這根小針不知救了多少人的命。

面對這一事實，一七五六年，那個當初對他的論文連看都不願看一眼的英國皇家學會，在富蘭克林沒有辦申請手續的情況下，就主動授予他皇家學會正式會員的稱號。

富蘭克林發明的那根通天小針傳到世界各地我們且不細說，單說它傳到英國卻又引出一段奇怪的故事。前面我們說過，那美洲本是英國的殖民地，英國對美洲人民只知掠奪、壓迫，哪顧他們的什麼利益。所以美洲的一些州就聯合起來向英國抗爭，並且派富蘭克林作爲代表去倫敦談判。這種談判拖了很長時間毫無結果。一七七六年乾脆爆發了一場獨立戰爭，富蘭克林也是獨立宣言的五位簽字者之一。那英王眼見美洲十三個州聯合起來，用武力將自己的勢力一天天地擠了出來，成立了美利堅合眾國。可是，隔著一個大西洋，鞭長莫及，氣得又是咬牙，又是跺腳，想方設法要出這口惡氣。

一天，英王喬治三世在宮前草坪上散步，正生著悶氣，一抬頭看到克攸王宮頂上那根尖尖的避雷針，不由又想起富蘭克林這個鬧獨立的罪魁，便立即把大臣們召來發狠道：「富蘭克林帶領美洲人造反了，我們還用他發明的避雷針，眞是不顧國恥，你們難道就能嚥下這口氣？我命令，從明天開始把全國的避雷針都拆掉！」

「陛下，這避雷針可眞的是一件有用的東西，自從裝上它，全國的雷擊事件就基本絕跡了。您忘了，我們的火藥庫還是您親自組織人裝針保護的。」幾個開明些的大臣連忙據理解釋。

「那就把針的尖頭改成圓球形的。反正不能照富蘭克林那個樣子。自古以來，圓就表示完美無缺！」

註解

◎ 5. 李赫曼（西元 1711 年～ 1753 年）：Georg Wilhelm Richmann。

「可是圓的不如尖的能引電啊！」

「我是國王，我說圓的好，就是圓的好！」大臣中有那不懂科學的，就極力奉承，有那知道個中利害的，就連忙去英國皇家學會，請他們出面說句話，這時皇家學會的會長爲普林格爾◎6，他一聽這事眞是哭笑不得，連忙進宮來見英王說：「陛下，許多事情都得聽您的，可是這事涉及自然規律，實在不能照您的話去辦啊。」

國王一聽更是暴跳如雷：「在別國我可以不管，只要在英國，自然規律也要聽我的！想不到你身爲皇家學會的會長，竟不顧國家榮譽，也替富蘭克林說話！現在有兩條路由你選，要麼以你的名義發表聲明，說避雷針製成球形最合理，要麼我就撤掉你這個會長的職！」

正是：

自然規律算什麼！是尖是圓由我定。令出如山誰敢抗？怎奈雷電卻無情。

普林格爾原以爲他進宮一勸，國王就會收回成命，再不幹這些蠢事，誰知連他自己也被牽連了進去，不覺腦門上沁出細細的一層汗珠。畢竟結果如何，且聽下回分解。

註解

◎6. 普林格爾（西元 1711 年～ 1753 年）：John Pringle，1772 年至 1778 年任職英國皇家學會會長。

第三十五回　一條蛙腿抽動起風波　兩位能人鬥法顯神通
——電壓的發現

上回說到富蘭克林發明了避雷針，但是他又積極參與領導了美洲反英獨立戰爭，英王喬治三世極為惱火，下令要將避雷針的尖頭一律改為圓頭，皇家學會會長普林格爾據理力爭，也被撤職。不過那避雷針的尖頭倒始終也未被改掉。

雖然官家蠻橫無知，學界卻細心有餘。話說一七八六年的一天，義大利解剖學教授賈法尼◎1正在實驗室解剖青蛙，妻子露西亞◎2是他的得力助手，在一旁侍候。只見他手中的解剖刀一刀下去切開青蛙的腰部，再一刀下去剝出腰部的神經，他又順手抄過一把精巧的黃銅小鉤，一鉤穿了過去，隨手遞給露西亞，吩咐掛將起來。妻子順手將這死青蛙掛在實驗桌上的一根橫鐵棵上。當賈法尼將第二隻青蛙剝開皮正準備再下刀時，突然露西亞驚叫一聲：「天呀！青蛙又活了。」她顧不上滿手的血污，一把抓住賈法尼的手臂，叫他快看這個「顯靈」的青蛙。只見那隻靠近銅鉤的蛙腿正在一張一弛，抽搐不停。

賈法尼向這隻青蛙凝視片刻，見它還是不慌不忙地做著表演，便自語道：「我這半生也不知殺過多少青蛙，從來還沒有見過這麼耐活的小東西，再剝一個試試。」這賈法尼吩咐露西亞再取幾隻青蛙來，手起刀落，游刃如電，一霎時便有五隻青蛙也這樣銅鉤倒掛，鐵棵橫挑，齊刷刷地排起隊來。可是再定神一看，這五隻青蛙又都伸開它們的右腿，齊齊地一緊一鬆，像哭泣時的抽

註解

◎1. 賈法尼（西元 1737 年～ 1798 年）：Luigi Aloisio Galvani。

◎2. 露西亞（西元 1743 年～ 1790 年）：Lucia Galeazzi。

搐，又像是在向教授夫婦做著友好的招手，這回露西亞可眞有點怕了。

她返身抱住賈法尼，瞪著大眼說道：「親愛的，怕是我們荼毒生靈太多，上帝在發警告吧。」賈法尼呢，卻手握刀柄依著實驗台陷入一陣沉思。一會兒他慢慢地說：「上帝如果給宇宙以靈魂，這靈魂是什麼呢？是電。」他像突然來了靈感，一把抓住露西亞大聲說：「這話是誰說的？對，是德國哲學家謝林◎3說的，電是宇宙的活力，宇宙的靈魂，無處不有。摩擦時就能發現琥珀、絲綢上的電，富蘭克林發現了空中的電。我們又發現了青蛙身上的電。」他將解剖刀往桌上一摔，高喊著：「我們又發現了一種電——動物電。」

一七九三年的一天賈法尼來到英國皇家學會表演他的新發現。因爲這是繼富蘭克林之後，人們在電知識方面聽到的又一個爆炸性新聞，所以這天皇家學會的報告廳裡人們都摩肩接踵，引頸踮腳地來看這場奇怪的魔術。只見賈法尼在臺上佈置好一個實驗桌，還和那天一樣打橫放一根細鐵棵，上面掛上一溜銅鉤，將青蛙解剖一個往上掛一個，那蛙腿也就盡如人意，輕輕動彈起來，直叫在座的這些名教授、學者一個個目瞪口呆。實驗完了，賈法尼又講了一番凡動物身上都帶電的道理，大家好一頓祝賀，賈法尼夫婦也著實光彩了一番。

不想說者無心聽者有意，在台前聽講看表演的有一個中年漢子，雖目不轉睛地看賈法尼操作，卻又不肯跟著人們去說一句好。讀者，你道此人是誰？他也是義大利人，叫伏打◎4。這伏打從小聰慧好學，尤愛鑽研剛剛露頭的電學，二十四歲時就發表了一篇關於萊頓瓶的論文，引起人們的注意，到一七七七年發明了電盤，一下又聞名世界，並得到教授之職。已經是個電學行家。今天搞醫學解剖的賈法尼竟在這皇家學會大講起電學發現來，他哪能服氣。他想，誰知那些青蛙是真死假死，有電無電，待我回家去親自試它一番再說不遲。

果然數月後，這伏打也向皇家學會送來一個報告，說關於什麼動物電，純是胡編亂造，並說他已經解開這個謎，也要求表演。又過幾天他真的又在上次賈法尼表演的地方擺起了擂臺。這天自然又是人頭鑽動，水泄不通。那伏打照樣端來一盤活蹦亂跳的青蛙，也一一殺死剝好，橫挑豎掛起來。他做定這些後說：「諸位請到近處一看，哪條蛙腿還會動彈一下？」這聽講的人真的圍了上去，有的還帶上夾鼻眼鏡，果然一排青蛙就像泥捏紙剪就的一般，紋絲不動了，一個個不禁膛目結舌。

這時伏打才放下刀子，講開他的道理：「上次賈法尼教授說死蛙腿會動是青蛙身上有動物電，其實那是一種錯覺。這幾日，我仔細研究了一下，賈法尼教授實驗時，是用銅鉤鉤起青蛙，再掛在鐵棍上，實際只要是不同的金屬接觸就會產生微弱的電流。蛙腿的動是這種電流刺激的結果，而不是它自身帶電。你們大概還沒有發現今天我在這裡表演時，用的是鐵鉤、鐵棍，同一種金屬就不會產生電，自然蛙腿也就不動了。可見賈法尼教授的動物電說不能成立。」

這時人群裡擠出一個人來，大聲說：「伏打先生，話先不必說死，你有什麼根據肯定動物電不存在呢？」伏打抬頭一看，不覺吃了一驚，說話的原來正是賈法尼本人。這個老頭子今天怎麼也從義大利趕來了呢？他忙陪個笑臉回答道：「要找根據嗎？賈法尼先生，我剛才的實驗就是根據，你看蛙腿不是已經不會動了嗎？」

註解

◎ 3. 謝林（西元 1775 年～ 1854 年）：Friedrich Wilhelm Joseph von Schelling。實際上此時謝林年僅 11 歲，尚未提出此說法。

◎ 4. 伏打（西元 1745 年～ 1827 年）：Alessandro Volta。

「你剛才的表演是眞是假，我回頭再去檢測，現在我先請你看一樣東西。」賈法尼說罷向後一揮手，立即有他的兩個助手從人堆中擠出，抬過一個大木桶來。只聽裡面劈啪有聲，像有什麼東西在動。賈法尼將蓋子打開，說聲「伏打先生請看」。原來是一條三尺長的大魚。這魚長而不寬，圓圓滾滾，猛看倒像條蛇，正貼著桶邊飛速地打旋。大概它也發覺人們在議論自己，轉幾圈之後突然停了下來，貼著桶壁像靜聽著什麼聲息。

伏打看這陣勢一下摸不著頭腦，說：「賈法尼先生，你是不是要讓我解剖這條魚？」

「大可不必，一解剖你又會扯到什麼銅鉤、鐵棍上去。我現在只要你伸手摸一下這條活魚，我們的實驗便見分曉，不知你敢不敢。」

「這有什麼不敢！」伏打想，這一生就是吃魚也不知吃了多少，何必說摸呢？便捲起袖子伸手向那魚尾抓去。說時遲那時快，伏打的手也還沒弄清是否碰到魚尾巴，就聽他「哎呀」一聲，連忙縮了回來，又覺全身麻酥酥，軟綿綿一下跌靠在實驗台旁，這位電學教授知道自己分明是中了電。

賈法尼忙上前一步將他扶住說：「伏打先生，你今天可該相信確實是有動物電了吧。幸虧我遠道而來，桶淺魚小，要是我帶一條丈餘長的大魚來，你今天眞要生命休矣。」說著他又轉向那些吃驚的人群說：「自從上次表演之後，我又做了多次實驗，證明動物自身是帶電的，這種魚叫電鰻，在它的頭腦部兩側的皮膚裡就各藏著一個由纖維組織組成，並由神經纖維相連接的蜂窩狀發電器。它就是靠放電擊倒強敵、捕捉食物的……」

再說伏打這時才從這突然一擊中清醒過來，他聽著賈法尼的講演，看看那些專家、教授。一般聽眾一窩蜂似地擁到賈法尼的周圍，倒像今天這場表演是專門爲賈法尼組織的。眼見著自己設的擂臺成了別人炫耀的場所，心裡好不窩火，無奈眼下一時又否定不了賈法尼的動物電說，他只好面紅耳赤地去拾檢自己那些刀剪、釣棍，準備收兵。

正是：

你說綠柳一株樹，我說青松樹一株。好笑青松與綠柳，都言對方不是木。

卻說這次伏打鬥法受辱後回到義大利帕維亞大學，從此閉門不出，發誓要鑽出個名堂重擺擂臺。他這樣含辛茹苦地幹了七年，終於又有一新的發現。他將一個金屬鋅環放在一個銅環上（銀環更好），再放一塊浸透鹽水的紙或尼龍環座上，再放上鋅環、鋼環，如此重複下去，十次、二十次、三十次疊成了一個柱狀，便產生了明顯的電流。這就是後人所稱的伏打電堆或伏打柱。這柱疊得越高，電流就越強。這是爲什麼呢？

原來伏打經過實驗創立了一個了不起的電位差理論。就是說不同金屬接觸，表面就會出現異性電荷，也就是說有電壓。他還找到了這樣一個活性順序：＋（正電）鋁、鋅、鐵、錫、錫、鎓、鉍、銅、汞、銀、鉑、金－（負電）。在這個活性順序中任何一種金屬與後面的金屬相接觸時，總是前面帶正電，後面帶負電。這是世界上第一個金屬活性表。只要有了電位差、電勢差，即電壓，就會有電流。這樣人們對電的認識一下子就彈出了靜電的領域，就不再是摩擦毛皮上的電，雷雨中的電，萊頓瓶裡的電，也不只是動物身上的電，而是能控制流動的電。伏打電堆也就成了最早的電池、電流發生器。人們爲了紀念伏打，便以他的名字「伏」來作電壓的單位。這都是後話。

卻說當時伏打的這一發明一傳出去，歐洲的科學雜誌上幾乎每期都是關於伏打電堆實驗的報告，人們競先試製這新奇的玩藝。俄國科學院有個院士叫彼得羅夫◎5，他想這金屬環既然是越疊得多產生的電流就越大，我何不就多多地往上疊呢。他一下就疊加了四千兩百個，創造當時伏打電堆的世界之最，並且還出版了一本書，那書名大概也是世界上最長的《關於物理學家彼得羅夫在聖彼德堡外科醫學院借助有時由四千兩百個銅環與鋅環構成的巨大電池組所作的賈法尼——伏打實驗的消息》。當時伏打電堆熱的情況可見一斑。

在這種電學新突破的狂熱之中，這次不用伏打自己去設擂臺，巴黎科學院便主動邀請他去作一次動人的表演了。一八〇一年十一月，伏打帶著他的儀器來到巴黎，不只法國的科學家和一般人等，就是倫敦那些當年看過他與賈法尼鬥法的人也有趕來看熱鬧的。正當大桌子上瓶瓶罐罐，環環片片已擺下一大堆時，伏打先不做實驗，卻退出桌子，趨前一步，面對觀眾說：「在表演前，請允許我先向七、八年來一直在和我激烈爭論的賈法尼教授致以崇高的敬意。很不幸的是他在三年前就退出了人世，今天不能和我們共用發現的歡樂。雖然我們觀點不同，但沒有他的啓發和駁難也不會有我今天的發現。我永遠感謝他，我們從不可忘記他。」

伏打今天表演的發明又有改進，它已不是一個個金屬柱，而是一個個並行的玻璃缸，裡面放上稀酸，每個缸都是這邊放進銅片，對面放一塊鋅片，兩個缸之間用導線相連，而成一個整體。

它產生的電流比那金屬環疊起的杜又大了許多。伏打把這裝置接好後說：「我們現在就可看到這樣產生的電流，第一，它能將水分解。」說著伏打將兩電極板插入水中，竟順著極板的一邊冒出了氫氣，另一邊冒出了氧氣。這時台下的人不由喝起彩來。

伏打接著說：「第二，這電還能從金屬溶液裡將金屬重新撈出來。」說著，伏打又將電極插入藍色的硫酸銅水溶液中，一個電極上便很快出現一層紅色的銅，而且那銅極純，是我們平常很難見到的。

伏打就這樣津津有味地一項一項地報告著他的新發現，聽講的人也早就被他牽走了魂，會場上時而議論紛紛，驚歎不絕，時而又鴉雀無聲。正當這種表演達到高潮，伏打為自己終於能有今天的勝利而喜上心頭時，突然一個全副武裝的法國軍官走上台來，在伏打耳旁輕輕說道：「你的表演現在可以收場了，拿破崙將軍已在台下聽講多時，他馬上要接見你，請你立即到後面休息室去。」

伏打一聽此言，眞如五雷灌頂，他萬沒想到拿破崙這個威名赫赫，東征西討的武人怎麼也會混到人群裡來聽這種書生學者們關心的事。而且當初賈法尼就是因為不願宣誓效忠於拿破崙扶植起來的義大利政府而被他無情地解職，鬱鬱而死的。我今天開講前那段頌揚賈法尼的話，拿破崙一定也已聽到，恐怕是惹惱了這位兇狠的雷公，要不然他何以要馬上召見我呢？伏打越想越覺得凶多吉少，草草收起攤子，向台下的聽眾道聲謝便向後臺走去。

要知拿破崙召見伏打是凶是吉，且聽下回分解。

註解

◎ 5. 彼得羅夫（西元 1761 年～ 1834 年）：Vasily Vladimirovich Petrov。

第三十六回　浪子回頭皇家學院得奇士
功夫到處元素家族添新丁
——鉀、鈉等新元素的發現

上回說到伏打發明伏打電池組後正在巴黎興沖沖地當眾向人表演，突然有人來傳，說拿破崙後臺有請，一時不知吉凶。伏打收拾了攤子忐忑不安地來到後臺休息室。誰知一進門，那威名赫赫的小個子將軍倒突然立正向他行了一個軍禮，並大聲宣佈：「你爲科學事業做出了偉大的貢獻，我宣佈授予你侯爵封號，任命你爲義大利王國的上議員。」伏打一時也不知是憂是喜，他那個裝滿電學知識的腦袋半天也沒轉過彎子。

讀者要問，這拿破崙是法國人怎麼有權任命義大利的議員？原來在一七九七年拿破崙親自率領軍隊滅掉了義大利的舊政權，自己重新扶植了一個傀儡政府，他當然是太上皇了。不過這拿破崙有一點不錯，就是很重視科學家。他創辦新式學校，聘請著名學者任教，甚至還有些科學家在政府擔任了要職，如數學家蒙日任海軍部長◎1，數學家卡諾任陸軍部長◎2，化學家富克魯瓦擔任教育部長等◎3。這是題外之話，暫且不表。

再說這伏打發明了電池組，開闢了電化學。這條路一拓開便有人大步走來。這人就是戴維。◎4戴維出生在英國一個沿海小城盤森斯的一個木匠家庭裡，小時是一個出名的浪子。父母指望他能成才，好改換門庭，就送他到學校去讀書。不想小戴維雖十分聰明，就是不肯在書本上花力氣，他每天左邊口袋裝著魚鉤魚線，右邊口袋裝一只彈弓，就是早晨上學前也常要跑到海邊打幾隻鳥，釣幾條魚。所以經常遲到。而且有時正上著課，他就悄悄將口袋裡的鳥放出來，學生們便一窩蜂地去撲鳥，老師也知道戴維這個罪魁，所以他一遲到就氣得先提住他的耳朵厲聲訓斥幾句，追問又去幹甚麼壞事，並沒收了他口袋裡心愛的彈弓、魚鉤、小鳥等物。

這天戴維又遲到了，兩個口袋鼓鼓囊囊，瘋了似地衝進教室正要向自己的座位上奔去。老師厲喊一聲：「戴維！又到哪裡闖禍去了！」說著上來一隻手將他的耳朵提起。

誰知戴維向他鼓了鼓小眼睛，一句話也不答。老師受到學生的如此蔑視大傷面子，就更提高嗓門吼道：「把口袋裡的東西掏出來！」

「就不給你！」戴維說著還故意用手將口袋護住。

「給我！」當著全體學生，老師的面子更無處擱了，他一隻手捏緊戴維的耳朵，另一隻手就向口袋裡掏去。誰知他的手剛伸進口袋便「啊」地一聲尖叫，抽了出來，連提著戴維耳朵的那隻手也早已放開。隨著他那隻手的抽出，一條綠色的菜花小蛇落在老師的腳下。滿教室裡一下炸了窩，學生們又是驚叫，又是哄笑。而戴維呢？也不說，也不笑，一本正經地拾起小蛇，裝進口袋裡，又慢慢過去坐在自己的位子上，等待老師講課，就像剛才沒有發生任何事情一樣。他越是這樣一本正經，學生們就越是笑得前仰後合，而老師越氣得臉紅脖粗說不出話來，最後夾起書本，摔門而去。

老師退出教室沒有回辦公室，而是徑直向戴維家走去。戴維的父親正在叮叮噹噹地幹活，老師急呼呼地推門而入，如此這般地說了一遍，直把老木匠氣得兩手發抖，五臟亂顫。一會兒，

註解

◎ 1. 蒙日（西元 1746 年～ 1818 年）：Gaspard Monge。實際上，蒙日擔任海軍部長（1792 ～ 1793）是在法蘭西第一共和時期，並非在拿破崙執政時期。

◎ 2. 卡諾（西元 1753 年～ 1823 年）：Lazare Nicolas Marguerite Carnot。卡諾擔任陸軍部長是在 1800 年，後來還在 1815 年擔任內政部長。

◎ 3. 富克魯瓦（西元 1755 年～ 1809 年）：Antoine Francois Fourcroy。

◎ 4. 戴維（西元 1778 年～ 1829 年）：Humphry Davy。

戴維放學回來了，一進門就劈頭吃了一巴掌，母親聞聲過來忙抱住父親，一邊心疼地喊：「你手那麼重，眞要打死孩子嗎？」

「這樣的孽子要他還有甚麼用？」

一個要打，一個要拉，兩位老人倒廝纏在一起，累得上氣不接下氣。過了一會兒總算靜了下來。戴維看看再不會有甚麼大禍，便提起一個小木桶，一根魚竿向門外走去。父親厲聲喝道：「又去幹什麼？」

「爸爸媽媽剛才斷喊得累了，我去海邊釣兩條魚來孝敬二老！」

「你呀……。」老木匠氣得一屁股跌在椅子上，「我這輩子算是對你沒有指望了。」

這件事過後不久，戴維的父親眞的一病不起，作古而去。◎5戴維的母親拖著五個孩子，這日子實在無法維持。就將他送到一家藥店裡去當學徒，也好省一張吃飯的嘴。這戴維給人抹桌子掃地、端臉盆倒尿壺，到月底別人領得了工資，他卻分文沒有。他伸手向老闆去要，老闆當眾將他那隻小手狠狠地扇了一巴掌說：「讓你抓藥不識藥方，讓你送藥認不得門牌，你這雙沒用的手怎好意思也伸出來要錢！」店裡師徒哄堂大笑，戴維羞愧滿面轉身就向自己房裡奔去，一進門撲在床上，那眼淚刷刷地便洗開了臉。而外面，剛發了工資的師徒們正大呼小叫地喝酒猜拳。

他從前哪裡受過這種羞辱，可是現在不比在學校、在家裡。現在是吃著人家，喝著人家，再說就是跑回家去吧，四個弟妹也都是一哇聲地向母親喊肚子餓，難道我也再去叫母親爲難嗎？戴維在學校時功課學得不好，卻愛寫幾句歪詩，想到這裡，他一翻身揪起自己的襯衣，刺啦一聲撕下一塊，隨即又咬破中指在上面寫了幾句，便衝出房去。

外面店員們正鬧哄哄向老闆敬酒獻殷勤，不提防有人啪地一聲將一塊白布壓在桌子中央，只見上面有這樣幾行字：

莫笑我無知，還有男兒氣，現在從頭學，三年見高低。

再一細辨，竟是鮮血塗成，大家大吃一驚，忙抬頭一看，只見戴維挺身桌旁，眼裡含著兩汪淚水，臉面繃緊，顯出十二分的倔強來。他們這才明白，這少年剛才受辱，自尊心被傷得太重，忙好言相勸拉他入席。不想戴維卻說：「等到我有資格時再來入席。」返身便走。

就從這一天起戴維發奮讀書，他給自己定了自學計畫，只語言一項就有七種。他又利用藥房的條件研究化學。果然不到三年，在這間藥鋪裡戴維已是誰也不敢小看的學問家了。原來，我們常說才學、才學，世上卻有許多人是苦學的，但缺才；但也有許多人本是有才的，就是不肯用在學問上，終成歪才、廢才。

這戴維本是有才之人，一朝浪子回頭用在治學上，自然如乾柴見火能發出許多的光熱。這時，恰好有個貝多斯教授◎6在布裡斯托成立了一個所氣體療病研究室，專用新發現的氣體為人治病，而戴維竟被邀請去一起工作。在這裡戴維發現了一種「笑氣」（一氧化二氮），人一吸入就會不自覺地興奮發笑，於是名聲大振。到一八〇一年他又被請到倫敦皇家學院去任講師，第二年又升為教授。第三年，他還不滿二十五歲又當選為皇家學會的會員。

各位讀者，容我這裡插上幾句作個說明。那英國有個皇家學會，還有個皇家學院，是兩回

註解

◎5. 戴維父親去世於 1794 年，父親過世後，戴維先成為一位外科醫生的徒弟，後到藥店當學徒。

◎6. 貝多斯（西元 1760 ~ 1808 年）：Thomas Beddoes，此療養院於 1793 年在布里斯托爾成立

事。前者先是英國數學家約翰·威爾金斯在一六六〇年十一月二十八日發起成立的英國「物理數學實驗知識促進學會」，後來有如我們在本書第二十六回提到的波以耳、虎克等人添加，而成爲一個有權威的國家科研機構。而皇家學院是一七九九年由英國物理學家倫福德伯爵◎7在倫敦發起成立的，最初叫「發展科學和普及重要知識學會」，經費靠私人捐助，主要是爲了普及科學知識，而不是進行教學，以後才逐漸變成專門科研機構。

這戴維一八〇一年被請到這裡，一八〇四年倫福德伯爵便和拉瓦節留下的寡婦瑪麗結了婚而移居法國，因此這個學院的實際支撐者便是戴維了。他人長得標致，又有一副好口才，皇家學院的收費講座由他主講，場場都是聽眾爆滿。倫敦上流社會只要提起戴維，已是哪個不知誰人不曉了。再說這戴維本是一釣魚打鳥的頑童，浪子回頭，發奮讀書，十年功夫就有如此成就。他更知光陰可貴，條件難得，因此也就更加刻苦研究。在許多研究題目中他對伏打電池的電解作用尤感興趣。他想電能將水分解成氫、氧，那麼一定也能將其他物質分解出甚麼新元素來。而化學實驗最常用的就是苛性鹼◎8，不妨拿它一試。

戴維就是做研究時也還有一點少年時膽大豪爽的遺風，他一有這個想法便立即和他的助手、堂兄艾德蒙◎9把皇家學院裡所有的電池都統統集合起來，其中包含二十四個大電池，光那鋅、銅製的正負電極板就有一英尺寬；又有一百個中等電池，電極板有半英尺寬；還有一百五十個小電池。這眞是一支電的大軍，戴維站在這套電池組織前就像大將統兵一樣地得意，他說一定要讓那苛性鹼在他的手下分出個一清二白。

這天戴維和他的堂兄起了個大早，開始了這場計畫已久的戰鬥。他們先將一塊白色的苛性鹼配成水溶液，然後就將那龐大電池組的兩根導線插入溶液中，溶液立即沸騰發熱，兩條導線附近都出現了氣泡，衝出水面。一開始他們還爲這熱鬧的場面而高興，但過了一會兒就發現上當了，跑出的氣泡是氫氣和氧氣，剛才被分解的只不過是水，而苛性鹼還是原封未動！難道這苛性鹼眞的就是一種元素而再不可分了嗎？戴維那倔勁又上來了，他才不相信呢！水攻不成，改用火攻。這回他將一塊苛性鹼放在白金勺裡用高溫酒精燈將它熔化，然後立即用一根導線接在白金勺上，將另一根導線插入熔融物中，果然電流通過了，在導線同苛性鹼接觸的地方出現了小小的火舌，淡淡的紫色，從未見過的美麗。戴維大叫：「艾德蒙，快看，它出來了！」

「它在哪裡？」

「就是這火，這淡紫色的火。」

艾德蒙也極興奮，他把鼻子湊近白金勺，仔細看著說：「可是我們總不能把這火苗存在瓶子裡啊？」

「對，怎麼收集這種物質呢？」戴維又犯愁了，看來是因爲熔融物溫度太高，這東西又易燃，一分解出來就著火了。水攻不行，火攻也不是個好辦法。

一八〇七年十一月十九日，是皇家學會一年一度舉行貝開爾報告會◎10的日子，戴維滿心希望這次能拿一樣新發明的元素去轟動一番。但是時間還剩六週，這苛性鹼卻軟硬不吃，水火不入，他設計了幾十種方案都不見效。這些日子戴維就像只擰著發條的鐘，滴滴答答一刻不停地擺

註解

◎7. 倫福德伯爵（西元 1753 年 ~ 1814 年）：Sir Benjamin Thompson, Count Rumford。

◎8. 苛性鹼是鹼金屬氫氧化物的統稱，一般有苛性鉀、苛性鈉，又稱為氫氧化鈉、氫氧化鉀。

◎9. 艾德蒙（西元 1785 ~ 1857 年）：Edmund Davy。

◎10. 能在皇家學會上做貝開爾報告是很高的榮譽，報告者可獲得一筆獎金，貝開爾是捐助獎金者之人。

動，他一會兒衝到樓上擺弄一下電池，一會兒衝到實驗桌上，墨水飛濺在記錄簿上隨便塗幾行字。他走路風風火火，說話高喊大叫，沉默起來眉頭皺成一個麻團，高興了又突然大聲唱歌，一些珍貴的儀器稍不合用，他便高叫，重換一台，那些燒杯、試管等玻璃器皿他更是隨手打破毫不心疼。

戴維到底不是書香門第之家薰陶出來的循規蹈矩的子弟，身上還有那海邊小鎮上的野風與兒時的頑皮習氣，他實驗緊張也忘不了享樂，正像當年上學不誤打鳥一樣。他每晚只要有舞會宴席，場場必到，只是忙得顧不上換衣服，從實驗室裡出來，在外面再套一件乾淨外衣就去赴宴，回來後也不脫衣歪頭就睡，第二天赴會時再套上一件。這樣越穿越厚，過幾天猛然有悟再一起脫掉。所以人們常說戴維教授常常胖幾天，瘦幾天，叫人無法捉摸。他好衝動，少冷靜，極聰明，缺耐心，怕寂寞，愛虛榮，最頑強，又自信。對他這種風風火火的工作作風，助手們早已熟知，而且大家又極信任他的才氣，所以總是每呼必應，實驗室上下一致，倒也配合得得心應手。

再說戴維眼看報告日期就到，電解苛性鹼還是水路不通，火路不行。他焦焦慮慮地苦思苦幹了十幾天，比較了十幾個方案。也真是車到山前必有路，這天他一拍腦門忽生一計：我何不把苛性鹼稍稍打濕，令其剛能導電又不含剩餘水份呢？這個點子一冒出來，他高興地兩手一拍大腿，高喊一聲：「成了！」倒把艾德蒙嚇了一跳，忙問：「什麼成了？」

「不要多問，快拿鹼塊來。」

一個鹼塊放在一隻大盤裡端了上來。要讓這東西輕輕打濕並不必動手，只須將它在空氣中稍放片刻，它就會自動吸潮，表面成了濕糊糊的一層。這時戴維和他的一群助手固定這塊白鹼，下面墊上一塊接電的白金片，一等表面剛剛發暗變濕，就一聲令下：「插上去！」那架勢就像幾個人正在殺一頭豬一樣緊張，艾德蒙是專門等著「捅刀子」的，不等語音落地，另一根導線早「嘶」地一聲穿入鹼塊。忽然啪的一聲，像炸了一個小爆竹一樣，那導線附近的苛性鹼便開始熔融，並且越來越厲害。你想那小小鹼塊那能經得過這數百個電池的電流的刺激，一會便滲出滴滴眼淚，亮晶晶像水銀珠，「巴打」、「巴打」地流下來。有的剛一流出就啪的一聲裂開，爆發出一陣美麗的淡紫色火焰，隨即消失的無影無蹤，而有的「珠子」僥倖保存下來，卻很快失去光澤，蒙上了一層白膜。

戴維看到這裡，突然退出實驗台，就地轉了一個漂亮的舞步，如醉如狂地大跳起來，那樣子眞如范進中學。他邊跳邊拍著巴掌，嘴裡念道：「眞好，好極了！戴維，你勝利了，戴維，你眞行啊。」他這樣瘋瘋癲癲地在實驗室裡轉了幾個圈子，帶倒了三角架，打落了燒杯、試管，碰翻了墨水瓶。大約有五、六分鐘他才勉強讓自己鎮靜下來，忙喊道：「拔掉，拔掉導線，艾德蒙，沒必要了，我們找到了，成功了！」

這次戴維眞的成功了，他電解出來的那亮晶晶的金屬就是鉀。接著他又用同樣的方法電解出了鈉。

正是：

勿左也勿右，山重水複疑無路，非水亦非火，柳暗花明又一途，思路不偏狹，千尋萬覓終得助，智慧之光閃耀，有心人功夫不負。

作報告的日期到了。這幾天戴維已經疲勞到了極點。而且身上還時冷時熱。但他懷著極大的興奮支撐著病體走上了講臺。開講前，皇家學院的報告廳裡早已水泄不通。那些上流社會的爵士、貴婦們其實也不懂什麼是科學，但是化學表演，就如魔術一般還是能滿足他們的好奇心的。這天戴維也眞不負眾望。他將自己這些日子辛苦製得的一塊鉀泡在一個煤油瓶裡，向人們介紹說：「這是三天前世界上才發現的新元素。我給它起個名字叫鍋灰素（英國人叫苛性鉀是鍋灰）。它是金屬，可是性格眞怪，既柔軟又暴烈，身體還特別輕，入水不沉，見火就著。」

戴維說著用小刀伸進煤油瓶裡輕輕一劃就割下一塊鉀來，又把它挑出來扔進一個盛滿水的玻璃盆裡。那鉀塊立即帶著嘶嘶的呼嘯聲在水面上著了魔似地亂竄，接著一聲爆響，一團淡紫色的火焰，聲音越來越小，體積越來越小，慢慢消失在水裡，無影無蹤……。

世上哪有這樣的金屬，台下的人簡直看呆了，大家都凝神屛息看著這種奇怪的新元素突然出現又突然消失。他們不願這個魔術就這麼眨眼之間退出。也許那玻璃盆裡一會兒還會出現什麼新東西，他們看戴維伏首在桌上也不說話，頭都抵住盆緣了。全場一片肅靜。可是這樣等了一會兒，盆裡什麼也沒有，主講人也不說話。突然有誰喊了一句：「戴維先生怎麼了？」

這下提醒了人們，前排幾個人立即跳上臺去，將戴維扶起。一碰他的雙手，早冷得像冰一般，再一摸額頭，倒濕淋淋地甩了一把冷汗，人們狂呼著：「快送醫院！快送戴維到醫院！」

欲知戴維性命如何？且聽下回分解。

第三十七回　惜人才戴伯樂收高徒　妒新秀法拉第遭白眼
——電磁感應的發現

上回說到一八〇七年十一月十九日戴維在皇家學院作報告突然昏死過去，被送到醫院，盡力搶救方才甦醒過來，雖保住了性命，卻遭了一場大難。他病勢極度惡化，有好幾天躺在醫院裡，不會說話，不會翻身，看樣子離見上帝也差不多時了。許多崇拜者都絡繹不絕地前來探望，弄得醫院沒轍，只好在大門口掛一個告示牌，每日公佈一次病情。以後他出了院在家靜養，有一年時間不能做實驗，不能多做報告。只要戴維不登臺就沒有人來聽講，皇家學院一八〇八年的收入比上年竟減少了四分之三。戴維當時的影響之大可見一斑。

再說戴維自從這次身體大傷元氣之後也不像從前那樣社交活躍了，有時去做實驗，有時就待在家裡。這天正是耶誕節的前一天，早晨起來，用過早點拿一本雜誌，靠在沙發上消遣，突然僕人送進一封信來，隨信還有一本三百六十八頁的厚書，封面上用漂亮的印刷體寫著：戴維爵士演講錄，還有時間、地點。

他這一看吃驚不小，一下從沙發裡跳起來喊道：「是哪個出版社這樣大膽，竟敢借我的名字偷偷出書。」他再一翻內頁，三百多頁全是漂亮的手寫體，還有許多精美的插圖，又不像是機器印刷。可是這裝訂都是正正規規的精裝布面，書脊上燙金大字。

戴維一下墜入五里霧中，莫名其妙。他再看那封短信，原來是一個叫麥可．法拉第◎1的青

註解

◎1. 法拉第（西元 1791 年～ 1867 年）：Michael Faraday。

年寫的，大意是：我是一個剛出師的訂書學徒，很熱愛化學，有幸聽過你的四次演講，整理成這本筆記，現送上，作爲耶誕節的禮物。如能蒙您提攜，改變我當前的處境，將不勝感激，云云。

戴維將信看了兩遍，將書捧在手裡，來回撫摸著，心裡也不知是驚是喜，是酸是甜。他想起這幾年來他在上流社會，終日交結的不是大腹便便的紳士，就是香粉襲人的貴婦，他們大把大把的英鎊隨手撒，整桌整桌的酒席徹夜擺，東家拉，西家請，要我講，要我請，可是何曾有一個人眞正理解我的發現，認識我的學問，這些人不過是附庸風雅，趕趕科學時髦而已。

而今天一個訂書店的學徒卻居然對我的思想理解得如此精深，看那插圖，簡直比我眞正做的實驗還要乾淨俐落。眞是市井小巷藏人才啊！他又想到自己當初還不是一個打鳥捉蛇的頑童，何曾受過什麼正規教育，多虧倫福德伯爵的提攜才進到這皇家學院，現在已是爵士了。而這訂書青年卻還在和自己的命運掙扎。想到這裡，戴維教授動了惻隱之心，起了愛才之意。便提起鵝毛大筆寫了一封信：

先生：

承蒙寄來大作，讀後不勝愉快。它展示了你巨大的熱情、記憶力和專心致志的精神。最近我不得不離開倫敦，到一月底才能回來。到時我將在你方便的時候見你。我很樂意為你效勞。我希望這是我力及所能的事。

戴維

一八一二年十二月二十四日

果然，一個月後，戴維在家裡親自接待了法拉第，並安排他在皇家學院實驗室當助手。

正是：

進門不靠金磚敲，立身不求人憐憫。法拉第舉起書一本，皇家學院敞開門。

一八一二年三月，法拉第到皇家學院正式上班了。他本是學徒出身，幹起活來處處小心。他雖然是一名實驗室裡刷瓶子搬儀器的勤雜工，但對實驗屬性卻都能理解，與人配合起來總是得心應手。所以沒過多長時間，實驗室裡上上下下沒有一個人不說法拉第的好話。戴維更是得意自己引進了一個好人才。

這年秋天，戴維和夫人要到歐洲大陸旅遊。說起這位夫人，也眞不同尋常，她仗著自己的臉蛋兒還算漂亮，更仗著自己的門第高貴，所以平時在家裡一身珠光寶氣，一出門就必須車隨僕跟。有客來訪，要不是個爵士貴族有地位的人，她能轉過臉去裝作沒看見。到別人家赴宴，只要她一進門，主人也就成了她的僕人，平時在家稍不如意就摔盆打碗，只要看見街上誰家的女子穿了一件華麗的衣服，便立逼戴維馬上給她也買一套。

人常說愛情就是給予，就是犧牲，而戴維夫婦的結合正好相反，就是互相要，互相用。他要她的漂亮和金錢，她要他的爵士地位和科學家的名聲。窮小子出身又極愛虛榮的戴維得著這麼個漂亮尊貴的婦人也就夠滿意了，所以也甘心捧著、哄著這個寶貝。現在他們要到歐洲旅行了，這是戴維夫婦早就望眼欲穿的。

可是他們選擇的時機實在不巧，這時英法兩國正在交戰。那個鐵腕皇帝拿破崙正氣勢洶洶地要吞掉整個歐洲呢。所以臨出發前戴維平時的兩個貼身僕人突然變卦不願跟去了，他們怕被當作奸細抓去殺頭。而那個貴婦人哪能沒有僕人伺候。於是戴維就要法拉第充任，法拉第也想借機到歐洲大陸去見見世面，雙方談就，法拉第以私人秘書身份暫兼僕人，一到法國就另雇一個。

十月十三日，戴維一行上路了。他們先乘馬車，到達普利茅斯港，再橫渡英吉利海峽，十月二十九日到達巴黎。在這裡逗留兩個多月，又經過威尼斯，翻越阿爾卑斯山到義大利，再去瑞士，去法國。法拉第沿途看那滔滔海浪，莽莽群山，維蘇威火山上的煙霧，羅馬萬神廟的石柱，眞是大開眼界。還有在巴黎見到了安培◎2，在米蘭見到了伏打，這都是當時名揚歐洲的大科學家，法拉第能在一旁傾聽他們的交談，其興奮之情簡直和第一次進皇家學院聽戴維的報告一般。

但是只一件事叫他掃興，就是戴維那個難伺候的夫人。原說好一過海就雇人的，可是到了巴黎戴維就再不提這件事。法拉第要照看隨身帶的儀器，準備實驗，安排會客，還要照顧夫人那一大堆衣、帽、鞋、襪、脂粉、首飾。到巴黎下榻的第一天，戴維夫人就將腳上的鞋子往下一脫，說：「請你給我擦好，明天一早還要穿。」

法拉第那能受得這份氣。他也不搭話，轉身去查看那些箱子裡的儀器。這位貴夫人立時變成了一個潑婦，她也不顧旅館裡人多，大哭大喊：「戴維伯爵收了你這個忘恩負義的東西，一個訂書徒也想擺弄什麼儀器，裝起科學家來，我看你快反了……」

戴維忙將她推回臥室。這一夜只聽裡面哭哭啼啼沒有安寧。法拉第知道，明日戴維要不親自去擦那雙皮鞋，那個嬌奶奶是不肯出門的。想到這裡，他悄悄將扔到門外的鞋子拿到自己房裡擦個雪亮，自我解嘲地想道：這也算是替老師解憂吧。戴維總是我的恩人啊。

這法拉第自從跟了戴維，雖然有時不免忍氣吞聲，但處在科學堆裡，耳濡目染也真的學到不少東西。哥本哈根有一個教授叫奧斯特◎3，在一八二〇年發現當導線上有電流通過時，導線旁的磁鐵就會發生偏轉，消息傳來，震動了英國的科學界，這說明電和磁是有關係的。皇家學會的一名會員沃拉斯頓◎4很聰明，他想電能讓磁動，磁為何不能讓電動？便跑來找戴維，還設計了一個實驗，在一個大磁鐵旁放一根通電導線，看它會不會旋轉。可惜，沒有成功。更可惜，沃拉斯頓不過想想而已，一碰釘子就後退了，也就再不提此事。

但機遇專給有心人。皇家學會兩個大權威失敗了的實驗，倒讓一個小學徒記在心裡。那天法拉第就站在旁邊，事後他獨自一個人躲在實驗室裡又日以繼夜地幹了起來，他想那導線不能轉動是拉得太緊，就乾脆取來一個玻璃缸，裡面倒了一缸水銀，正中固定了一根磁棒，棒旁邊漂一塊軟木，軟木上插一根銅線，再接上伏打電池，果然電路一通，那軟木輕輕地飄動起來，緩緩慢慢地居然繞著磁棒兜開了圈。一根線通電轉得慢，要是一個通過強電流的線圈呢，不就轉得快了嗎？

啊，成功了。這就是世界上第一個最簡單的馬達。法拉第這個沉靜溫和、能自制不激動的人，現在卻忍不住在皇家學會的地下實驗室裡一個人圍著這個水銀缸跳起舞來。軟木輕輕地飄，他也跟著歡快地轉，這樣轉了幾圈，他猛地跑到桌邊，翻開實驗日記寫道：

一八二一年九月三日。……結果十分令人滿意，但是還需要做出更靈敏的儀器。

註解

◎2. 安培（西元 1775 年～ 1836 年）：André-Marie Ampère。

◎3. 奧斯特（西元 1777 年～ 1851 年）：Hans Christian Ørsted。

◎4. 沃拉斯頓（西元 1766 年～ 1828 年）：William Hyde Wollaston。

各位讀者，這法拉第在記筆記這一點上可很不像他的恩師戴維。戴維的實驗筆記常常是大塗大抹，有時寫錯了，乾脆用手指頭蘸上墨水一勾。實驗成功了，就狂草大書；失敗了，就懶得去記。而法拉第大約因爲是訂書徒出身，又受過美術訓練，他的日記有日必記，每次實驗無論成功與否都要記，而且按順序編號，一直編了一萬六千零四十一號。

後來到他白髮蒼蒼，自覺將不久謝世時，就當年裝訂戴維的演講錄一樣，用自己特有的裝訂技術將這些實驗日記裝訂好送給皇家學院，這是科學史上一條了不起的財富，他死後一周年時人們才分成七卷整理出版。這是後話。

再說法拉第發現導線可以繞磁鐵旋轉後，立即寫成一篇論文在倫敦科學季刊上發表。這下又惹出麻煩，沃拉斯頓說法拉第搶了他們的成果。戴維明知沃拉斯頓的實驗並沒有成功，可是出於嫉妒也不出來爲學生說話。於是滿城風雨，是非難辨。

不久，法拉第又做成了氯氣液化試驗，在皇家學會正式報告前，戴維又在報告上加了一段，說明這個實驗是在他的指導下做成的。老師要從學生的飯碗裡搶食吃了。當年看見就熱心提拔；現在眼看要出頭了就趕快去堵去壓。戴維這個人的心理實在複雜。好在法拉第逆來順受慣了，而且定了一條規矩，就是刀子到了頭上也不肯說恩人一句壞話。所以有些小小不快，事情總還可以收拾。而且他又親自登門向沃拉斯頓解釋，他的實驗是導線繞著磁鐵「公轉」，沃拉斯頓的實驗是「自轉」，並不一樣，沃拉斯頓也就釋然了事了。

可是出頭椽先爛，樹欲靜風不止。這法拉第要是好好地洗瓶子、擦地，也就會師恩徒賢，和和睦睦，絕無閒事了。誰叫他發現了導線繞磁鐵轉動又去發明什麼氯氣液化，於是皇家學會的一幫會員看他是個奇才，便出於好意，聯合了二十九人的簽名，要保舉他爲會員。一個洗瓶子的雜工竟要掛上堂堂的皇家學會會員的頭銜，戴維就決不能答應了。這天下午，法拉第正在地下室做實驗，戴維突然怒氣衝衝地推門進來。

「法拉第先生，聽說你最近準備進皇家學院了，我勸你還是撤回你的申請。」

法拉第自從入得這個恩師的門來，便是一邊求知，一邊受氣，一直忍了十年。想不到這關鍵的時候，這個當年引他進皇家學院的恩人，卻會在皇家學會的大門將他阻攔。他頭也沒抬，用冷靜而壓抑著憤怒的聲調答道：「是他們要提名的，我本人從來就沒有遞過什麼申請，你讓我撤回什麼呢？」

「那你就勸他們撤回。」

「那是他們的事，我不想干涉。」

戴維怕把事情弄僵，便緩和一下口氣說：「我不是不同意你加入學會，只是你現在年紀還輕，再過幾年加入也不遲嘛。」

「戴維爵士，我年紀還輕，今年也已經三十一歲了，可是你當年加入皇家學會是二十四歲啊！」

這一句話將戴維噎得只見口張，不聞有聲，他啪地一聲摔門去了。

一八二四年一月八日，皇家學會就法拉第的會員資格進行無記名投票，在只有一票反對的情形下順利通過。這一票正是戴維所投的。至此，這對師生的矛盾發展到頂峰。

卻說法拉第在皇家學院受這種閒氣，就更要咬牙幹出個樣子。自從一八二〇年奧斯特宣布電能使磁鐵偏轉後，法拉第就想，這一定是電產生了磁，才影響到磁鐵，果然到一八二五年皮鞋匠出身的電學家思特金◎5在一塊馬蹄形軟鐵上通電後竟能吸起四公斤的鐵塊，不久又一美國人改進實驗吸起了三百斤重的鐵塊，電眞的變成了磁，而且力量這樣巨大。法拉第反過來想，磁爲什麼變不成電呢？如果能變成電，那力量也一定不會小的。

自從一八二一年他做完那個電繞磁轉的實驗後，腦子裡就每時都在轉著這個問題。他在筆記本上寫了：「轉磁爲電」幾個大字，口袋裡常裝著一塊馬蹄形磁鐵，一個線圈。就這樣苦思苦想，常驗常試。他常先是用磁鐵去碰導線，電流計不動，在磁鐵上繞上導線，還是沒有動。乾脆把磁鐵裝在線圈的肚子裡，接上電流計，指針依然不動。

法拉第就這樣顫來倒去，從一八二一年開始到一八三一年不覺已過去整整十年，腦汁絞盡，十指磨破，也沒變出一絲絲電來。一天，他又在地下實驗室幹了半天，還是毫無結果，他說了聲：「算了吧！」氣得將那根長條磁鐵向線圈裡噗通地一聲扔進去，仰身向椅子上坐去。

可是就在他仰身向椅子上坐的一剎那間，他忽然看見電流計上的指針向左顫動了一下。他趕快眨了一下眼，再看指針又在正中不動了。他想也許是看花眼了，因爲人們在高度集中精力的實驗中，有時看到的只是自己希望的假象。他這麼想著就欠著身子將磁鐵抽出來再試一次。不想這一抽指針又向右動了一下，這回可是眞眞切切的。他忙又將磁鐵插回，指針又同左偏了一下。

唉呀，有電了，磁成電了。十年相思苦，一朝在眼前！法拉第將那磁鐵在線圈裡不停地抽出插入，上上下下就如同搗蒜一般，把個桌子弄得咚咚直響，那電流計上的指針也就像撥浪鼓似的左右搖個不停。這時法拉第那個賢慧溫柔的妻子薩拉見他到時間還不上來吃飯，又端著一盤麵包、牛奶，幾樣小菜送到地下室來，剛一推門見法拉第正對著線圈「搗蒜」，便噗哧一聲笑著喊道：「麥可，開飯囉！」

法拉第抬起頭，扔掉磁鐵像一隻小鳥一樣飛到薩拉面前，展開雙臂摟住她的肩膀，就地打了一個旋。薩拉手中的牛奶麵包菜碟統統掉在地上。她喊道：「麥可，你怎麼啦，牛奶撒了，盤子打了，你吃什麼呀？」

「不要了，什麼也不要了。今天有電了，有電就夠了，只要有電就行了！」

他這樣語無論次地念了一段「了了」歌，便翻身去記日記：「一八三一年十月十七日◎6。磁終於變成了電……」

各位讀者，磁變成電這種偉大發現的幸運，何以偏偏落到訂書徒出身的法拉第身上？原因很多，但有一點卻應引起我們特別的注意。就是十年前奧斯特通過實驗將電變磁，法拉第聽說後即反過來這麼一想：磁能不能變電？這便是一種相似思維。原來世界上的事物都是互相聯繫的，而這種聯繫常常表現為它們之間的各種相似，抓住這個相似點也即抓住了它們的紐帶，偉大的發現常常由此而始。

阿基米德身在澡盆悟出浮力定律；牛頓見蘋果落地而推及地球與蘋果相互吸引，終發現萬

註解

◎5. 思特金（西元 1783 年 ~ 1850 年）：William Sturgeon。

◎6. 法拉第第一次發現電磁效應的實驗日期是 1831 年 8 月 29 日，後法拉第於 11 月 24 發表論文。

有引力；富蘭克林由毛皮摩擦的電火花而想到雷鳴電閃，因此而探得電的本質；波以耳因酸霧使紫羅蘭褪色便反向聯想到以此來檢驗酸鹼，竟發明了化學試劑。

擅發現物與物之間的相似，擅由這相似現象進而探究其內在的規律。猶如進瓜地而先理其藤，藤在手則瓜無所漏；入迷宮而先導其路，路既通則保無所遺，新的發現就會層出不窮，層層遞進。我們在以後各回目中還將看到許多科學家對各種思維方法的妙用。

閒話少敘，卻說這法拉第雖發現了磁變電，但他還是窮追不捨。他先將直棒磁鐵換成馬蹄形的，將線圈換成一個銅盤，銅盤可以連續搖動，這樣就可以獲得持續電流了。這是世界上第一台發電機。實驗做成了，他又在理論上探索。磁電之間是靠什麼聯繫轉換的呢？牛頓總結過萬有引力，認爲引力是在空間起超距作用，沒有速度。

法拉第想：不對。磁鐵周圍有磁力線，有一個磁場，導線周圍也有電場，它們是通過磁場相互作用，而且有速度。但是，他的數學基礎太差，不會推導這個公式，一時也無法用實驗來驗證，他在發明權問題上是吃過幾次虧的，便將這個思想先寫了出來，以免將來有人又來搶頭功：

> 我傾向於把磁力從磁極向外散佈，比做受擾動的水面的波動，或者比做聲音現象中空氣的波動；也就是說，我傾向於認為，波動理論將適用於電和磁的現象，正像它適用於聲音，同時又很可能適用於光那樣。
>
> 這些想法，我希望能用實驗實現。但由於我的許多時間用在公務上，這些實驗可能拖延時日，在實驗進行的過程中，這些現象可能被他人首先觀察到；我希望，通過本文檔存放在皇家學

會的文檔櫃裡，那麼將來我的觀點被實驗驗實，我就有權聲明，在某一個確定的日期，我已經有了這樣的觀點。就我所知，在當前除我本人以外，沒有人知道這些觀點，也沒有人能說自己已經有了這樣的觀點。

法拉第於皇家學院

一八三二年三月十二日

卻說法拉第將這個假設封成一個錦囊存入皇家學院的櫃子後，就靜等有知音人上門求見了。到底有沒有人來，且等下回分解。

第三十八回　茶壺煮餃子笨女婿失去講座　實驗加方程物理學登上高峰

——電磁理論的創立

上回說到法拉第通過實驗發現電磁感應現象，並從直觀的猜想出發提出了力線、力場的假設，但是他一時無法用實驗去證實，便將這預言封了一條錦囊存入皇家學院地下室的檔櫃裡，專等知音上門。

他一八三二年三月將這預言存起來，就這樣靜靜地整整等了二十三年，還未見有一人上門，也未聽到一句能理解他的溫言暖語。相反，倒是常有不少人，包括當時一些著名的物理學家，常諷刺挖苦他連牛頓這個老祖宗也翻臉不認了。

他在工作得實在很疲倦時，靠在椅子上閉目養神，有時會想起克卜勒在發現三定律後說的那段話：反正我是發現了，也許到一百年後才會有人理解。唉，看來此生我只好忍受這種發現的孤獨了。一天他正這樣唉聲歎氣地翻著每天收到的一大疊學報、雜誌，忽然眼前一亮，一篇論文的題目跳進眼簾：《論法拉第的力線》。他就如鐵漢撿到一塊甜麵包一樣，一口氣將那些字，連標點都掃了個精光。

這確是一篇好論文，是專門闡述他的發現、他的思想的，而且妙在文章將法拉第充滿力線的場比做一種流體場，這就可以借助流體力學的成果來解釋；又把力線概括爲一個向量微分方程式，可借助數學方法來描述。法拉第從小失學，未受正規學校訓練，最缺的就是數學，現在突然有人從數學角度來爲他幫忙，眞是如虎添翼。他忙看文章的作者是誰，卻是一個陌生的名字：詹姆斯．克拉克．馬克斯威爾◎1。從這一天起他就打聽這個作者，但是就如這篇突然出現一樣，作者也突然消失，眞是來無蹤去無影。法拉第只好望著天花板歎氣了。

就在法拉第乍喜又憂、無可奈何之時，通往蘇格蘭古都愛丁堡的大路上正匆匆走著一個小夥子。他滿臉熱汗，衣襟敞開，像有什麼急事在攪得他心緒不寧，催得他行步如風，埋下頭來只顧趕路。這人正是馬克斯威爾。他本是在倫敦劍橋大學畢業後留校工作的，但是前幾天突接家裡來信，說父親病重，便放下手頭的工作趕回老家來了。

馬克斯威爾生於一八三一年十一月十三日◎2。正好是法拉第發現電磁感應那一天後的第三十三日。好像上帝將他送到人間就是專門準備來接法拉第班似的。馬克斯威爾八歲那年母親因肺病去世，於是他從小與父親相依爲命。

他父親是一位極聰明、極不受傳統束縛的工程師，一次他將桌上擺了一瓶花教兒子畫寫生。不想畫紙交來，滿紙都是幾何圖形，花朵是些大大小小的圓圈，葉子是些三角形，花瓶是個大梯形，父親摸著兒子稚氣的臉蛋說：「看來你是個數學天才，將來在這方面必有所成。」於是便開始教他幾何、代數。

這馬克斯威爾也眞是個神童，在中學舉辦的一次數學、詩歌比賽中，他一個人竟囊括了兩項頭等獎，十四歲那年中學還未畢業就爲了一篇討論二次曲線的論文◎3，居然發表在《愛丁堡皇家學會學報》上，十六歲考進愛丁堡大學，一次上課，他突然舉手站起，說老師在黑板上推導

註解

◎ 1. 馬克斯威爾（西元 1831 年～ 1879 年）：James Clerk Maxwell。

◎ 2. 馬克斯威爾實際出生於 1831 年 6 月 13 日。

◎ 3. 此篇論文為 *Paper on the Description of Oval Curves*。

的一個方程式有錯，這位講師也不客氣地說：「要是你的對，我就叫他『麥氏公式』！」不想這位老師下課以後仔細一算，果然是學生對了。愛丁堡大學實在容不下他這個天才，一八五〇年父親又把他送到出過牛頓、達爾文的劍橋大學。一八五四年他以數學優等第二名的成績畢業，立即對電磁產生濃厚興趣。第二年即發表了《論法拉第的力線》。

正當他才華初露要在這新領域裡拓地奪標之時，忽得家信，便急急趕回家裡來。這馬克斯威爾是一個孝子，一進家門見父親形容枯槁，臥床不起，想起幼年失母，父親拉拔自己的艱難，不覺抱頭痛哭。接著他終日侍藥床前，百般溫順。爲能就近照顧病父，他又寫信給劍橋大學，辭去職務，準備在離家不遠的亞伯丁港的馬歇爾學院任教，但第二年父親便溘然長逝，他也就到馬歇爾學院上任，主持一門「自然哲學」的講座。

不想這馬克斯威爾雖滿腹學問，卻極不擅辭令，茶壺煮餃子，有貨倒不出。他第一次登臺，說起話來如機槍掃射一般，一堂課的內容半節課就講完，他以爲已講清的問題，學生卻瞪目搖頭，他再講一次，學生的思想還是趕不上他的舌頭。第一堂課就這樣草草而過。他滿頭大汗，學生滿肚子意見，校方雖還不好意思說什麼卻也露出不滿。馬克斯威爾從小學習拔尖，一直受老師同學的尊重，何曾嘗過這種爲人恥笑的滋味。

第二天一早他就夾著幾頁講義跑到校園的小花園裡對著一棵高大的刺玫瑰，兩腳抓地，雙目平視，一手持稿，一手斜舉，清清嗓子，便嘟嚕嘟嚕地演講起來。正當他進入角色之時，忽聽得後面一串銀鈴般的笑聲。他一回頭不見人影，又靜下心來對花上課，後面笑聲又起。立時，昨天羞愧未退，今時惱怒又生。他大喝一聲：「誰家女子，如此無禮！」

這時樹後門出一個姑娘，白衣綠裙，豐臀細腰，臉生紅雲，目含秋波，就如這眼前的玫瑰；體態輕盈又似園中的新柳。姑娘手中捏著一本書，趨前幾步，輕輕地說：「先生，對不起！」雖只五個字，卻伶牙俐齒，抑揚頓挫，而又表情得體。馬克斯威爾一看就知道是個大家閨秀，反倒覺得自己剛才不該粗魯。

姑娘問道：「你起得這麼早，一個人在這裡和誰講話呢？」

「我是剛來的教師，不會講課，一講起話來就緊張得收不住舌頭，因此趁早起無人，自己多練習練習。」

「這並不難，我教你一個妙法。你自己覺得快時，就馬上咬住自己的舌頭尖，話頭自然就可以收住。靜靜神，理理思路再慢慢說就是。如果你不見怪，我就來作你的學生，陪你練一次，總比那沒有表情的刺玫瑰強吧！」

馬克斯威爾這樣試了一次果然見效。他請問姑娘大名，原來她叫瑪麗，正是院長的女兒，就更生敬意。自此，馬克斯威爾天天起早，來這花園練講，瑪麗也天天來這裡看書陪練，三日兩月，二人便漸生愛慕之心，便指花爲媒，暗訂終身。院長喜愛馬克斯威爾，事後也就欣然同意招他爲婿。

閒話擱過，冬去春來，轉眼到了一八六〇年，馬克斯威爾來這裡已經四個年頭，他關於土星光環、氣體力學的研究也已取得兩項重要成果，卻是無暇光顧他時刻掛念的電磁學。而這時又趕上馬歇爾學院和另家學院合併，他主持的講座也被撤銷，新的飯碗還不知在哪裡。這時他的母校愛丁堡大學正要招一名自然哲學講座教授，他連忙報名。同考的共有三人，論學問和名聲，他自然會穩被錄取。不想在口試的時候，他面對台前母校裡的那些老一輩師長，不覺又緊張起來，雖然也努力去咬舌頭，但反而時快時慢，話語斷斷續續。最後竟因「口頭表達能力欠佳」而落選了。

他和妻子本不願再到外鄉謀生，老丈人當然更願他和自己的獨生女留在身邊，共用天倫之樂，無奈這個心靈舌笨的女婿一試落選也只好垂頭喪氣。於是馬克斯威爾只好帶著妻子又來倫敦投靠皇家學院。但塞翁失馬，焉知非福？他萬沒想到在愛丁堡落選，卻成就了他的一番事業。

再說法拉第自從讀了馬克斯威爾的那篇文章後，就每天留心有無類似的文章問世，同時也打聽馬克斯威爾的消息，誰知就如彗星劃過天空一樣，知音來得快，走得也快，歲月流逝，杳無消息。而他也一天天的老了，到一八六〇年他已是一個七十九歲的龍鍾老人，越發悲傷自己抱卞和之玉不為人知，莫非那地下室裡的文件眞要到幾百年後才去兌現嗎？這天早晨他拄著拐杖在自己門前的草坪上散步，還是想那件放不下的心事，這時遠處走來一男一女，男的年輕瀟灑，女的恬靜美麗，他看著這兩個人忽然覺得那就是四十年前自己和妻子薩拉的影子。唉，老了，青春一去不復返了。這樣想著，那對男女已經走到眼前，女的手中提著花花綠綠的一大堆禮品，男的趨身近前彎了一下腰，恭敬地問道：「您可是尊敬的法拉第先生？」

「是的，我就是那個普普通通的麥可．法拉第。」法拉第最怕人對他恭維，所以在自己的名字前面總要加個形容詞。

「我是您的忠實的學生馬克斯威爾。」

「你就是寫論文談我的力線的馬克斯威爾先生嗎？」

「是的，我在您的面前，在您的學識面前，不過是個小孩子。」馬克斯威爾整整小法拉第四十歲呢。

當法拉第證實他面前的就是馬克斯威爾時，他一把摔掉拐杖，眼裡頓時放出光芒，馬克斯威爾也一下撲上去，兩人緊緊地擁抱在一起，一個實驗大師，一個數學天才，這是物理和數學的擁抱，是物理學的大幸。

法拉第又喊：「薩拉，來貴客了！」薩拉一見瑪麗立即就從心裡生出一種由衷的親熱。這兩個女性，在科學史上無數科學家的妻子中她們是少有的美麗、溫柔，終身勤勤懇懇，默默無聞地支持丈夫的研究。兩位夫人一見如故，便到客廳裡敘話，又到廚房裡弄菜。法拉第早拉著馬克斯威爾進了書房。

法拉第說：「我等你等得好苦。你終於回倫敦來了。」

「是您身上的磁場太大了，終於又把我吸引回來。這回不但回到倫敦，還回到皇家學院，回到您的身邊。」

法拉第謙虛地笑了一笑說：「可惜我老了。不過還來得及。第谷向克卜勒交班時，生命只剩下一年。上帝能再給我一年也就夠了。」

「老師您會長壽的。」

「祝我們的新理論長壽吧！」

兩人高興得哈哈大笑起來。

法拉第經過幾年的研究，已經證明了磁能變電，能變出電流，能變出電場。電流和電場很不一樣，前者很明顯能使導線發熱，能電解水，叫傳導電流。後者雖也有電流的某些性質，但很不明顯，聰明的馬克斯威爾就給它起一個名字叫「位移電流」。傳導電流能激發出磁場，影響磁鐵偏轉，那麼這位移電流（電場）能不能激發出磁場呢？這不比那具體的有熱感能擊人的電，也不比那很明顯能吸鐵的磁，它們實在太不明顯了，太玄秘了，法拉第實驗了多少年還是沒有發現它們的聯繫。正像一些微雕專家在一根頭髮絲上能刻一首詩一樣，他早已不靠眼而只靠感覺來指揮了，事情往往到極微妙的程度時倒不是用實驗而是用推理來決定了。這個難題果然由馬克斯威爾用數學公式推導出來了。

一八六五年——請讀者記住，這是科學史上電磁理論的誕生年，馬克斯威爾發表了一組描述電磁場運動規律的方程式◎4。他證明變化的磁場可以生成電場，變化的電場又可生成磁場，這比法拉第的磁性能生成電流，電流生成磁性又高一籌了。磁場→電場→磁場→電場，這兩個場的作用不斷運動著，並不是像牛頓力學描述的那樣的眞空超距作用。法拉第的預言得到了最完美的闡述和嚴密的數學證明。而且更妙的是馬克斯威爾用自己的方程式居然推出了電磁波的速度正好等於光速，這又證明光是一種電磁波。光學和電磁學在這裡匯合了。當年牛頓和虎克、惠更斯爲了光的本質發生一場多麼傷感情的爭吵啊，今天才回到真正的統一。

正是：

牛頓攀登靠人梯，馬氏蓋樓有基石，科學從來是接力，接過舊知創新知。

法拉第畢竟比第谷是幸運的。他看到自己理論的完善，看到了接班人的業績。在電磁理論確立後的第二年——一八六七年，這位電磁學的開山祖滿意地離開了人世。而馬克斯威爾在一八六五年發表公式後，就立即退避到鄉間老家的莊園裡，杜門謝客，寫作詳細闡述這一理論的《電磁學通論》。

八年後這本可以和牛頓一六八七年出版的《自然哲學》媲美的巨著終於出版。牛頓築起一座經典力學的大廈，而馬克斯威爾則蓋起一座經典電磁學的高樓。物理學經過一百八十六年的艱難攀登，終於又躍上了第二高峰。

再說這馬克斯威爾躲到鄉下去寫書，而倫敦方面哪允許這樣的名牌教授去隱姓埋名、悠然自得？他的母校劍橋大學更是派人今日叫，明日請，左一封信右一封書，終於把不願割捨田園之樂的馬克斯威爾夫婦又請回了倫敦。馬克斯威爾一邊籌畫劍橋大學的第一個物理實驗室——卡文迪許實驗室，一面開設講座，講解他的電磁理論。但是他的理論太高深了，曲高和寡，聽講的人越來越少。

一八七九年，馬克斯威爾雖然才四十八歲，但是他已走到自己生命的最後一個年頭。曾奪去母親生命的肺病現在又來纏他了。他身體虛弱，氣力不足，但還是按時上課。這天他走進寬大

註解

◎ 4. 馬克斯威爾此篇論文《電磁場的動力學理論》（*A Dynamical Theory of the Electromagnetic Field*）宣讀於 1864 年，正式發表於 1865 年。

的階梯教室，只有前排坐著兩名學生，教室空蕩蕩的。這個著名的教授、理論物理學家在講壇上好像從未交到好運。他知道學生們聽不懂他的思想，一個個都自動缺席了。他側身問坐在前排的兩名學生：「你們爲什麼不走呢？」這兩名中有一個就是後來發明了眞空管的弗萊明◎5。他恭敬地站起來說：「先生的理論我能聽懂，太完美和諧了，簡直是一門自然美學。」另一名說：「走了的人裡也有人是能聽懂先生的理論的。但是他們說，現在還沒有人用實驗找到電磁波，所以也就不相信、不願聽了。」

馬克斯威爾說：「會發現的。理論總是要超前一步的。牛頓一六八七年公佈萬有引力，勒維耶一八四六年才找倒海王星，過了一百五十九年。我相信電磁波的發現不會再等一百多年了。」

馬克斯威爾說著翻開講義，向兩個忠實的學生笑了笑，對著空空的大教室，又像是對著世界，對著未來，繼續認眞地講著他的理論。而他的預言也沒有錯，這時在歐洲的德國，已經給他準備了一個二十二歲的接班人。到底此人是誰，電磁波找到沒有，且聽下回分解。

註解

◎ 5. 弗萊明（西元 1864 年～ 1945 年）：John Ambrose Fleming，著名的右手定則即為他所發明。

第三十九回　忽辭世短命人發現電磁波　見訃告有志者發明無線電

——電磁波的發現和使用

上回說到物理學家馬克斯威爾雖沒有親手做多少電磁實驗，但他在臨死前預言一定會有人通過實驗發現電磁波。果然，在他死後的第九個年頭，一八八八年，在柏林有一位叫赫茲◎1的青年實驗物理學家完成了這項工作。當時許多人雖嘆服馬克斯威爾對電磁波的完美描述，可就是找不到它。

赫茲卻別有絕招。他將兩個金屬小球調到一定的位置，中間距一小段空隙，然後給他們通電。這時兩個本來不相連的小球間卻發出吱吱的響聲，並有藍色的電火花一閃一閃地跳過。不用說小球間產生了電場，那麼按照馬克斯威爾的方程式，電場既激發磁場，磁場再激發電場，連續擴散開去，便有電磁波傳遞。到底有沒有呢？最好有個裝置能夠接收它。他在離金屬球四公尺遠的地方放了一個有缺口的銅環，如果電磁波能夠飛到那裡，那麼銅環的缺口間也應有電火花跳過，他將這些都佈置好後，這邊一接電鍵，果然那圓環缺口上藍光閃閃，這說明發射球和接收環之間有電磁波在運動了。既然有波，就也該有波長，頻率和速度。於是他又親自測量它的波長。其實也很簡單，他將那銅環接收器向圓球發射器靠近，火花時亮時無，最亮便是波峰或波谷，不亮時便是零值，於是他便求出了波長，接著又算出了速度每秒三十萬公里，正好相等於光速，也有如光一樣的反射、折射性。

註解

◎1. 赫茲（西元 1857 年～ 1894 年）：Heinrich Hertz。

馬克斯威爾的理論徹底得到了證實，從法拉第到馬克斯威爾再到赫茲，兩位實驗物理學家與一位理論物理學家巧妙的配合，終於完成了這個偉大的發現。

正是：

實踐理論再實踐，淘盡黃沙真金現。磁場電場又磁場，事物本來總相連。

各位讀者，這赫茲何以有這樣的成就？原因可以有許許多多，但追溯到他的學生時代，有兩條卻極爲重要。一是因從小養成了親自動手的好習慣，對技術和技能的學習十分愛好。他在課餘時間拜了一位木工爲師，鋸、刨、斧、鑿已使得極爲純熟，他還學了一門車工技術，後來赫茲的車工師傅聽說他成了大學教授還對他母親惋惜地說：「唉！眞可惜！他本是一個難得的車工啊！」俗話說心靈手巧，大凡只有手腳並用毫不偷懶才能聰明。第二，赫茲小時候學習興趣相當廣泛，他學了英語、法語、義大利語，特別是在阿拉伯語方面表現出驚人的才能，以致教師向他的父親鄭重地建議他去學東方學。他愛美術，素描畫得很好，這又訓練了他的形象思維。他愛數學，常參加數學比賽，這又訓練了他的邏輯思維能力。他想當建築師，曾專攻過建築，後來又當過兵，這使他得到另一種鍛練，他給父母寫信說：「惰性從一個人的身上眞正被取締了。」讀者中定有不少是渴望成才的青年，我這裡就他的成才略敘幾筆，或許對諸君能有一點啓迪。

卻說這赫茲發現了電磁波就如當年牛頓發現了萬有引力，戴維電解出鉀、鈉之時，都是才剛剛二十幾歲的年紀，正宏圖初展，前途無限。但到一八九三年就開始患一種齒齦膿腫的痛◎2，雖不是大病但卻很頑固，多次手術只能緩解痛苦而不能去根，後來連情緒也甚覺憂鬱傷感，他已自覺到將不久於人世。一八九三年十二月四日夜，他秉燭展紙，強忍眼淚向雙親爲了一封既是安慰又是預告的信：「假若我眞發生了什麼事情的話，你們不應當悲傷，但你們要感到幾分自豪，並想到我屬於那些生命雖然短促但仍算有充分成就的優秀人物。我不想遭遇，也未選定這樣的命運，但是既然這種命運降臨到我的頭上，我也應感到滿意。」

這世界上實在是不公平，許多酒囊飯袋，活到百、八十，朽而不死；而赫茲這樣有功於世的人在一八九四年一月，以三十七歲的年紀卻猝然謝世。這在當時歐洲物理學界著實引起了好一陣悲哀。在他死去的第二天義大利波隆那大學門口貼出了這樣一張訃告：◎3

波昂大學赫茲教授不幸於昨日去世，物理學界的一顆明星突然隕落，這是全歐洲的損失。赫茲教授對人類最偉大的貢獻，就是他通過實驗終於找到了電磁波，他雖然是個德國人，但是他告訴我們義大利人，告訴全世界人，每個人身邊都有電磁波，都是可以互相傳遞接收的，他雖然去世了，但他指給我們的這種波卻永遠存在，永遠陪伴著我們。所以赫茲教授是屬於全世界的，赫茲教授沒有死，他永遠活在我們中間……。為了表達對這位世界偉人的尊敬和悼念，茲定於明天上午在本校禮堂舉行隆重的追悼會。

在這張訃告下邊，有的人瞥一眼便匆匆離去，有的人讀後一聲歎息，唯獨有一個小夥子卻像隻腳被釘住一樣，兩眼瞪著訃告，嘴唇微張，半天不言不語，臉色悲傷又含沉思，心情悲痛卻又激動。他在這裡大約站了一個多小時，才勉強挪動隻腳，可那鞋底上像是抹了一層漆似地邁一步三回頭，遲遲不肯離去。

註解

◎3. 赫茲過世後，義大利波隆那大學物理學家里奇（Augusto Righi，西元 1850 年～1920 年）曾在科學期刊上刊出訃告。

各位讀者，你道這青年是誰？他叫馬可尼◎4，出生在義大利波隆那一個富有的家庭中，從小受過很好的家庭教育，養成了勤苦好學、愛動腦筋的習慣。大凡讀書人可分爲兩類，一類是「書袋」，從小學到大學讀過的書有一人多高，不管是什麼書，只要是學校規定的便只管讀來，一本一本地裝到肚子裡，並不消化，也不會創造，所以叫書袋。一類是「書錐」、「書鉤」，這些人的眼睛就像錐子，讀書時處處問個爲什麼，必須把那本書錐穿再鉤出點什麼才肯甘休，他們讀過的書不一定多，但是思維越訓練越敏捷，碰到問題一針見血，又能舉一反三，因此也就不時有所創造發明。

這馬可尼正是這後一類人。今天見到一張訃告也要從中勾出一點學問，他想這位赫茲教授發現的電波既然德國有，義大利也有，爲什麼不可以利用這些無聲無形的波傳遞信號，傳遞人們的意志，讓死波變活？如果眞能做到這一步，赫茲的功績不是更加同日月久長了嗎？我們紀念死者，就是要發揚他的成果，爲活人多辦點好事。他這樣癡癡地想著，回到家裡，就對父親說：「我似乎有這樣一種感覺，即這些電波會在不遠的將來供給人類以全新的和強有力的通訊手段。」

馬可尼自從讀了這張訃告之後，就立即到處收集資料，又在他父親的別墅裡架天線，埋地線，白天試晚上調，而且居然改進了檢波器製成了發射機和接收機。終於在離地高一點七公里外的山間，實現了第一次通訊聯繫。他欣喜若狂，立即向義大利郵電部寫信要求資助，願將自己的發明貢獻給祖國的通訊事業。不想他這封信卻石沉大海，馬可尼一氣之下轉而向英國申請專利。

一八九六年，在倫敦港，一個青年手提著一只大箱子正要下船，海關檢測人員見這人衣帽不整，神色不定，便一把拉住他，問他箱子裡是什麼？這青年正是馬可尼，他初來倫敦不免慌張，結結巴巴地說這是一台發報機。當時哪有什麼無線電發報機？海關人員更沒聽說過這個玩藝，把箱子翻來倒去，又將馬可尼上下打量一通，這時旁邊又一個海關人員說：「怕是一個炸彈吧。」那人聞聽不禁大驚，忙雙手舉起箱子噗通一聲扔到海裡，返身推了馬可尼一把：「去，去，去！還不快滾下船去！」◎5

馬可尼初出家門就受到如此欺淩，他舉目無親，原想來找專利局的，現在手中沒有了東西，誰認得他這個叫化子？他只知郵電局是管通訊的，便忍氣吞聲下得船來朝倫敦的郵電部大樓找去。

郵電部總工程師普利斯◎6是一個十分和藹可親又頗愛才的老頭。他一聽說來訪者就是馬可尼，立即離開椅子將這個可憐的小夥子摟在懷裡。原來他早從英國《電氣雜誌》上看到馬可尼的專利申請，並且一直在查找此人，無奈沒有地址，今天使得見，喜不自禁。這馬可尼幾天來的一肚子委屈，現在突遇知音，不覺撲撲簌簌地掉下淚來，又說那只寶貝箱子已沉在海裡。

普利斯大笑道：「孩子，有你在就有了一切。這座大樓裡的設備都供你使用，還愁再造不出那只箱子？」馬可尼聞聽，眞不敢相信自己的耳朵，又問了一遍方相信這是眞的，不覺喜上眉梢，那兩行淚珠也被這笑容擠得滾落地下，不知鑽到哪裡去了。

馬可尼有了如此強大的後盾，如魚得水，如虎添翼，沒有幾天便製出了收發報設備，在郵

註解

◎4. 馬可尼（西元 1874 年～ 1937 年）：Guglielmo Marconi。馬可尼是里奇的學生。

◎5. 事實上，馬可尼的箱子是在海關檢查時被弄壞了。

◎6. 普利斯（西元 1834 年～ 1913 年）：William Henry Preece。

電部大樓頂上與相距近三千公尺外的銀行大樓實現了通訊聯繫。過不了幾天又趕上當地一場傳統的遊艇比賽，出發點在港口，終點在三十公里外的海面上。過去，比賽結果的消息總得等幾個小時後才能送回，岸邊一般的觀眾常常等得不耐煩，不等比賽退出就已散去，而那些對賽艇押了賭注的人又都一個個像熱鍋上的螞蟻。今天為了試試這新的通訊設備，也為了向人們宣傳一下無線電報，郵電局將來好賺錢，普利斯一早就佈置了兩艘綠色的郵船，他在終點發報，馬可尼在起點接收。當發令槍一響，碼頭上笛鳴鼓響，人聲鼎沸，遊艇劃破碧綠的海面，拖著一股白浪，轉個彎很快在人們視野裡消失了。這時狂熱的碼頭也暫時冷了下來，正當人們神經剛剛鬆弛了一會，馬可尼突然舉起雙手連蹦帶跳地喊道：「瑪麗號，瑪麗號第一！瑪麗號贏了！」

這時那些向這艘船押了賭注的人都半信半疑地看著這個義大利人，而那些押了其他船的人卻恨得直咬牙，罵他造謠，一時起了糾紛。正轟鬧間，海面上報信的快艇已經折回，證實是瑪麗號奪魁。此時，人們方才相信那個「的的塔塔」的鐵盒子眞有千里眼和順風耳的威力。狂歡的勝利者湧上那艘郵船，一起將馬可尼抬了起來，那個鐵盒子被你爭我奪地看來看去，船小人多，馬可尼擔心別再把鐵盒子又擠落到海裡，忙喊著：「放下！放下！要落水了。」

「海邊的人還怕落水麼？」瘋狂的人們還以為是他怕落水，索性把他抬起扔到水裡，大家好一陣狂跳大笑，盡興而散。

一八九八年無線電波跨越了英吉利海峽，並正式用於商業。

一九〇一年二月馬可尼在英屬牙買加的康沃爾建成了一座一百七十英尺高的電波發射塔，

然後他帶領助手肯普和佩基來到利物浦港，準備乘船橫渡大西洋到紐芬蘭去接收康沃爾電臺發出的信號。這時已是寒冬季節，朔風起，海浪翻，甲板上薄冰覆蓋，人連站立都很困難，馬可尼的父親，還有他敬愛的老師都來送行，父親勸兒子還是不要去冒險：

「孩子，不是我拖你的後腿，電波能飛過四十五公里的英吉利海峽，可是絕不會飛過大西洋的，再強的電波也會在空氣中慢慢消失。」

老師也幫著老人勸自己的學生，還是不要幹這種異想天開的事，說：「你若想讓電波飛過大西洋，就得先在大西洋上懸一面像歐洲那麼大的鏡子，你要知道電波和光一樣只能走直線，兩地球表面是弧形的，除非高空有一面大鏡子反射，電波才能射到大西洋彼岸去。這一點，就是赫茲教授生前也是這樣認爲的啊！」

馬可尼說：「事情總是幹出來的，過去誰能相信磁能變成電呢？法拉第一試，馬克斯威爾再一總結，不就既有道理又成事實了嗎？能成不能成，我今天就要親自去試試，哪怕失敗了也能爲後人提供一些實驗資料。」說罷他便登上「撒丁號」破浪遠去了。

十二月十二日，馬可尼帶若兩名助手來到紐芬蘭面對大西洋的一座小山上，在一座鐘樓內安好收報機，又在山上放起一面特大的六邊形風箏，上面帶著電線，升到一百五十公尺的高空，這是他想出來的升高天線的妙法。一切安置妥當，他便將聽筒貼在耳朵上靜靜地捕捉著那神秘的信號。窗戶外，佩基操縱著風箏，萬里藍天沒有一絲雲彩；室內，肯普站在他旁邊，瞪著一隻大眼，緊緊地盯著桌子上的收報機。突然，耳朵裡傳來「滴——滴——滴」三聲，他覺得是自己心臟的跳動，再屏息細聽，又是三聲，他忙將耳機扣在肯普的耳朵上說：「快聽，這是不是信號？」肯普隻手按住耳機，有那麼幾秒，突然大聲喊道：「三個短碼，是他們發來的，我們勝利了！」

馬可尼的電波一下子就飛出了三千五百公里，在大西洋的上空，人類第一次建起了通訊的橋樑。世界各國的報紙都用頭條發了這條驚人的消息。一九〇九年馬可尼因此而獲得了諾貝爾獎。

讀者到此不禁要問，電磁波不是走直線的嗎？怎麼會繞過大西洋呢？難道空中真的有面大鏡子嗎？是的，真有一面大鏡子，後來人們終於發現了這面大鏡子，它就是整個地球大氣層中的電離層，它可以不斷地將地面發射的電波再反射到地面。不過當時馬可尼並不知道這些，但是他勇於試驗，凡事都要先試試再說，終於讓他碰對了。

正是：

莫笑馬氏去亂碰，機遇原在運動中。未幹就怕要失敗，件件事情都難成。

第四十回　千年夢石頭變金曾何見　一朝點破原子本性各同

——原子論的創立

各位讀者，在本書第三十五回，我講了一個化學家戴維的故事。可是這戴維身爲化學家，手中卻操的是物理學的武器，就像那林沖反倒借了李逵的斧子。戴維借了剛剛出現不久的電學這把利斧，在還是一片荒蕪的化學世界，劈劈啪啪地一陣亂砍，終於拓出一條條小路，找見了鉀，找見了鈉，找見了鋇、鎂、鈣、鍶等元素。就在這揮斧拓荒的途中，他還收了一個徒弟法拉第。誰知這徒弟並不注意師傅每天砍什麼樹，卻十分注意那把砍樹的大斧。就這樣他對電一路研究下去，居然又拓疆擴地闖入一個電磁王國，而且他也扯起帥旗招來了馬克斯威爾、赫茲、馬可尼幾員大將，浩浩蕩蕩拉起一支電磁學大軍。這支大軍一路衝殺下來，橫穿十九世紀，直勒馬在二十世紀的大門，好不威風。

兵分幾路，各表一支。我們暫先按下電學那路人馬，回過頭來還從化學說起。那戴維自從借得電學大斧後，許多化合物在電斧下都被分解出來，他一路砍得性起，後來連硫、磷、碳、氮這些毫無問題的元素也要砍上幾斧，希望再砍出幾個新元素來，其結果當然是失敗了。這便又生出一個問題，什麼物質還能分解開來？什麼物質便不易再分？若要一直分下去，又會分成什麼樣子？而這又回到我們第一回裡提的那個「世界是什麼」的老問題上來了。

世界是什麼？凡人睜開眼看到天地萬物便不覺想尋根究底。三千年前中國古代學者認爲世界大概是金、木、水、火、土這五種「元素」組成的。它們相互搭配，所以世界就現出千差萬別。我們在第一回裡提到的那個古希臘學者泰勒斯則推斷水為萬物之源，只有濕潤才能生萬物，物質由水而來，又化水而去。稍後的希臘學者赫拉克利特◎1又提出火是萬物的基礎，世界不過是一團燃燒著的永恆的火。我們第二回提到的那個畢達哥拉斯則認為數是萬物之源，不過這已有點神秘了。這些古希臘學者中最有學問的要算德謨克利特◎2了。他認為事物的本源是原子的排列。它們所以有形態、顏色、味道等許多的不同，那是因為組成它們的原子大小、形狀及排列方式不同。

這個猜想真還想到了最要緊之處。它的出發點是唯物的，就是要沿著事物本身去尋根究底。與這同時，我國戰國時期也出現類似的思想，墨翟◎3就提出物質微粒說，他稱之為「端」，而在《墨子》中已論述到物質無限可分的思想了：「一尺之棰，日取其半，萬世不竭。」即你拿一根短棍，今天取一半，明天取一半，後天再切一半，這樣一直切下去，那是永遠切不完的。

可是正當德謨克利特剛提出原子說要接觸到世界的本質時，希臘又出現了一個學者叫亞里斯多德，他認為世界是由火、空氣、水、土四種「元素」組成的，而每種「元素」又都表現為熱、冷、濕、幹，一種元素通過熱、冷、濕、幹的變化就可以過渡而成另一種元素。

亞里斯多德當時是學術界的最高權威，神聖不可侵犯，他的思想竟統治世界一千來年。這種元素能互變的思想，比起原子論當然是一種退步，而且無論在中國、外國，它又引出一種煉金術來。許多煉丹術士，夢想能煉出長生不老的金丹。就是那雄才大略的秦始皇、漢武帝也都受騙上當，在這方面花費了許多錢財。他們也總夢想點石成金，經過一燒一煉，將普通的銅鐵煉成貴重的黃金。從西元前二、三世紀開始希臘就有人幹這些蠢事，竟一直延續到十八世紀，許多君王都想通過這來解決他們的財政問題。

一直到一七八二年，英國科學已發達，出現了牛頓、戴維，出現了皇家學會，也還有人在作這個夢。有一天英皇喬治三世在宮裡悶坐，正爲日漸拮据的財政發愁，忽有人來訪，說他能點鐵成金，而且還帶來了黃金樣品。英王一聽，連忙召見，來人捧上樣品，眞個沉甸甸，黃燦燦，耀人眼目。英皇忙問，怎麼個煉法。來人稱：「臣自幼學習化學，現是皇家學會會員。現在所用煉金之法，並不像古術士那樣火燒頑石，而是用最新化學方法使幾種元素參加化學反應生成黃金。」英皇一聽，又是皇家學會會員，又是最新方法，面前又擺著這一堆眞金，喜得龍顏大開，忙命收下樣品，並通知牛津大學授他一個博士學位。

誰知這事惹起牛津大學和皇家學會的教授學者們的激烈爭議，有人說也許眞能點鐵成金，有人說根本是異想天開，爭論的結果還是請這位十八世紀的術士當眾一試。那人也慨然應允，約好日期，他去準備。到那天，觀眾到齊，人們到實驗室請他出臺，誰知一推房門，他已伏在桌子上服毒身死。他本是自欺欺人，現在當然過不了這一關，只好一死了之。

卻說化學就是這樣在渾渾噩噩中摸索。有時柳暗花明，有時山重水複。直到英國出了個波以耳，才推翻了亞里斯多德的「四元素」說，確立了元素的科學概念。法國出了個拉瓦節又推翻

註解

◎ 1. 赫拉克利特（西元前 535 年～前 471 年）：英文名為 Heraclitus。

◎ 2. 德謨克利特（西元前 460 年～前 370 年）：英文名為 Democritus。

◎ 3. 墨翟（約西元年 479 年～前 381 年）：即墨子。

了「燃素說」，確立了氧化物的科學思想，並且排出了最初的元素表。

看來物質確實是可以越分越細的。就像力學在伽利略之後要有牛頓、電學在法拉第之後要有馬克斯威爾，這化學也著實需要一個人出來在理論上概括一下了。

正是：

眾人摸索千百年，窗紙只待一人點。歷史寵愛幸運者，勿將機遇來輕看。

各位讀者，你道這個趕上機遇的幸運者是誰？他是英國一個教會中學的普通教員道耳吞◎4。

這道耳吞出生於一個貧寒的農家，唯讀過幾年小學就在家種地，但他頑強自學，一七八〇年時終受聘到肯達爾城的一所教會中學任教。你想這個道耳吞在鄉間耕鋤之餘還要尋書覓字，現在進了城更是如魚得水，終日訪賢問能，汲取知識。一日他聽說城東住著一個叫約翰．戈夫◎5的老人極是博學，便去造訪。他輕輕叩門，裡面一個蒼老的聲音應聲道：「請進！」他推開門，只見迎窗背門坐著一位老者滿頭白髮，聽見有人進來也不轉身，問道：「你是誰？」

「先生，我是約翰．道耳吞，剛來的中學教員。」

「找我有什麼事嗎？」老人回過頭來。

道耳吞這才看清，他已經雙目失明，忙回答：「向您請教一點數學、化學方面的學問。」

「我能感覺到你很激動。大概是沒想到我是個瞎老頭吧。」

這老頭雖是雙目失明，感覺卻十分敏銳。他轉過椅子和道耳吞攀談起來，不一會兒兩人就成了好朋友。他們談天說地，從數學說到物理，說到天文，說到化學，談到高興處，老人站起來走到一張大桌旁要給道耳吞親自做幾個實驗。只見他伸手抽出一支試管，又從架上拿下一隻瓶子倒出一點藥粉，裝入管內，又嚓地一聲，劃火柴點著酒精燈，將試管移向燈頭加熱，準備水缸，收集蒸汽，又測比重，又測壓力。那雙手熟練得他用什麼物件，恰如那物件就正等在那裡。那雙眼倒不像是失明了，而是一個明眼人幹這種事幹得太熟了，懶得睜眼去看。道耳吞在一旁看得屏氣凝神，眞沒想到此時會有這麼一個奇人。實驗做完他連忙請教老人何以有這樣高超的技藝。

老人答：「一是靠熟練，二是靠細心，要幹的事沒有不成。」自此道耳吞就常來請教，約翰．戈夫老年無後也就以子相待，傾其胸中才學，教他希臘文、拉丁文、法文和物理、化學、數學。道耳吞在這個小城市教中學十二年，倒跟這位盲老人補習了大學的全部課程。各位讀者，莫只說是道耳吞趕上了歷史的機遇，但與他同時的人何止千萬，而像他這等見縫插針、自學自強的人卻著實不多，原來機遇卻又是專獎給那些經過艱苦準備的人。

道耳吞經約翰．戈夫指點，積十二年之功，已經是學富五車，才思敏捷，更可喜的是養成了一個勤觀察愛思考的好習慣。他有一次爲孝敬老母買了一條長筒襪子送回家裡，不想老母一見立即不悅道：「孩子，就算你有孝心吧，也不能讓我這樣的年紀穿這櫻桃紅的豔色襪子去教堂作禮拜吧。」這一句話把道耳吞說得丈二和尚摸不著頭腦。他說：「這明明是正合你老人家穿的深藍色嘛，怎麼會是櫻桃紅呢？」在場的人見狀都哈哈大笑。後來道耳吞又拿各種顏色紙讓他的學生去認，終於他成了第一個發現和研究色盲的人。於是他專門就此寫了論文，並且留下遺囑，死

註解

◎ 4. 道耳吞（西元 1766 年～ 1844 年）：John Dalton。

◎ 5. 約翰．戈夫（西元 1757 年～ 1825 年）：John Gough。

後請將自己的眼球拿去解剖，好探清色盲的原因。

道耳吞除研究色盲外，最長期的大量的工作就是觀察天氣，他一生記了二十萬條觀察記錄，直到臨死的前十五分鐘還記了一條：今日微雨。他的生活極有規律，每天八點起床，先生好實驗室的火爐，然後吃早飯，整個上午做實驗，下午一點吃飯，然後再在實驗室工作到五點，喝茶，再工作到晚上九點，吃飯，休息。他在觀察天氣時對空氣發生了興趣。空氣是那麼自由均勻地流動，而盛在容器裡，又給容器壁均勻的壓力。他工作累了，在爐邊喝茶時，那茶香又均勻地飄散到整個房間。看來氣體是些極小的微粒，要不它怎能這樣自由地、勻稱地溶融呢？他想起德謨克利特的關於原子的設想，看來有一點道理。不過那畢竟還是一種哲學的推測，要變成化學的原子論，自然還得經過化學實驗的驗證。

但是在無數次實驗中，道耳吞早就發現兩種元素的結合總是按一定的比例，比如把氫氣和氧氣放在一起化合，總是兩份氫氣和一份氧氣結合成水。要是氫氣用完了，氧氣還有剩餘，它永遠也只能是氧氣而不可能硬擠到水裡去。這樣，一個偉大的思想生成了。

他在一八〇八年終於寫成《化學哲學的新體系》一書。指出：「化學的分解和化合所能做到的，充其量只是使原子彼此分離和再結合起來。物質的新的創造和毀滅，卻不是化學作用所可能做到的。其所以不可能，正如我們不可在太陽系中放進一顆新的行星或消滅一顆現存的行星那樣，或者正如我們不可能創造出或消滅一個氫原子一樣。」就是說物質各由各自的原子組成，想把鐵原子變成金原子是辦不到的，千百年來那些夢想煉鐵成金的人，不知個中底細，就這樣一代一代地撈啊，撈啊，你想怎能不是一場空夢？

既然元素的原子各自不同，那麼它的重量一定不同。但你想那原子何等的小，後來人們才知道，它的直徑只有一億分之一到一億分之四公分。拿五十萬個原子擺在一根細頭髮絲的直徑上也能放下，而一個原子的重量也只有1/100,000,000,000,000,000,000,000克（$1/110^{23}$克）。道耳吞當時自然不能拿桿秤去稱它一下，但是聰明的道耳吞卻想出一個妙法，根據各種元素在化合反應時的比例，選擇最輕的氫，定它的原子量爲一，以它爲基準，其他元素是氫的幾倍就是它的原子量。各位讀者可能還記得，本書第二十二、二十三回寫到克卜勒尋找行星間的運動規律，當然也不能用尺去量它們之間的距離。這眞是任你小到再小，大到再大，秤不能稱，尺不能量，可是人的思維卻無孔不入，無遠不至，輕而易舉地解決了問題。

這道耳吞在一八○三年九月六日就用他的這種辦法很快列出了化學史上第一張有六種簡單原子和十五種化合物「原子」的原子量表。爲了區分這些各不相同的原子，道耳吞制定一套元素的符號表。道耳吞一下子成了名人。他並不注重名譽，但是戴維不和他商量就把他吸收爲皇家學會會員。英國政府授予他金質獎章，柏林科學院授予他名譽院士，法國科學院授予他名譽理士。

正是：

無意逐利利上門，不想求名名自來。

現在道耳吞開始走出那間擁擠的實驗室，到歐洲各國去遊歷。但他不像當年戴維那樣，馬車裡有一個漂亮的婦人陪伴。他還是孤身一人，並且終身未娶。別人問他爲什麼不結婚，他用手指指腦袋說：「這裡面讓化學反應裝滿了，也就再裝不下一個妻子。」

一八二二年，道耳呑出遊來到法國。這法國當時也有一位名氣極大的化學家叫給呂薩克◎6。他盛情接待道耳呑，請他參觀實驗室，出席講座，參加宴會。就在訪問結束的那天，給呂薩克又把道耳呑請到實驗室裡，說是請求指導一下實驗。這實驗說來極普通，就是氫氧化合成水。他取了兩公升的氫和一公升的氧混在燒瓶內，密封燃燒，生成了水蒸氣，一量，得到的水蒸氣是兩公升。這時給呂薩克說：「道耳呑先生，我們都認爲同體積氣體的原子數相同，那麼你看剛才的反應是兩個氫原子加一個氧原子生成了兩個『水原子』，這樣一來豈不是每個『水原子』裡只能含有一份氫原子、半份氧原子了嗎？按照你的原子論，原子是化學反應中最小的不可分的單位，這『半個』又怎樣解釋呢？」

道耳呑的原子論問世以來已成功地解釋了不少化學現象，比如反應物都成整數比，成整倍數等，今天給呂薩克突然提出『半個原子』的問題，叫他一下摸不著頭腦。連日來只是聽著恭維、祝賀、誇獎之詞，現在突然被人將了一軍，一時無法下臺。他拍拍腦門，又看著燒瓶，只覺汗從額頭出，話卻無處尋。究竟道耳呑如何收場，且聽下回分解。◎7

（未完，請續看《數理化通俗演義（下）》）

註解

◎6. 給呂薩克（西元 1778 年 ~ 1850 年）：Joseph Louis Gay-Lussac。

◎7. 本書上冊至四十回止，下冊由第四十一回開始。

國家圖書館出版品預行編目 (CIP) 資料

數理化通俗演義（上）／梁衡 著 ——二版
——臺中市：好讀出版有限公司，2023.08
面； 公分——（一本就懂；26）
ISBN 978-986-178-673-5（上冊 : 平裝）
1.CST: 科學 2.CST: 通俗作品

307.9 112010255

好讀出版

一本就懂 26

數理化通俗演義（上）【新裝版】

作　　者／梁　衡
審　　訂／徐桂珠
總 編 輯／鄧茵茵
文字編輯／莊銘桓
美術編輯／王志峯、鄭年亨
行銷企畫／劉恩綺
發 行 所／好讀出版有限公司
407 台中市西屯區工業 30 路 1 號、407 台中市西屯區大有街 13 號（編輯部）
TEL:04-23157795　FAX:04-23144188
http://howdo.morningstar.com.tw
（如對本書編輯或內容有意見，請來電或上網告訴我們）
法律顧問／陳思成律師

讀者服務專線：02-23672044 / 04-23595819#212
讀者傳真專線：02-23635741 / 04-23595493
讀者服務信箱：service@morningstar.com.tw
晨星網路書店：http://www.morningstar.com.tw
郵政劃撥：15060393（知己圖書股份有限公司）

二版／西元 2023 年 8 月 01 日
初版／西元 2016 年 7 月 01 日
定價／ 370 元
如有破損或裝訂錯誤，請寄回 407 台中市西屯區工業區 30 路 1 號更換（好讀倉儲部收）

Published by How Do Publishing Co., Ltd.
2023 Printed in Taiwan

ISBN 978-986-178-673-5